色界

乐嘉 \ 主编

活得舒坦并不难

九州出版社
JIUZHOUPRESS

图书在版编目（ＣＩＰ）数据

色界 / 乐嘉主编. — 北京：九州出版社，2014.7
ISBN 978-7-5108-3145-4

Ⅰ. ①色… Ⅱ. ①乐… Ⅲ. ①性格－通俗读物 Ⅳ.
①B848.6-49

中国版本图书馆CIP数据核字（2014）第166370号

色　界

作　　者	乐嘉 主编
出版发行	九州出版社
出 版 人	黄宪华
地　　址	北京市西城区阜外大街甲35号（100037）
发行电话	（010）68992190/3/5/6
网　　址	www.jiuzhoupress.com
电子邮箱	jiuzhou@jiuzhoupress.com
印　　刷	廊坊市兰新雅彩印有限公司
开　　本	700毫米×980毫米　16开
印　　张	17.5
字　　数	286千字
版　　次	2014年8月第1版
印　　次	2014年8月第1次印刷
书　　号	ISBN 978-7-5108-3145-4
定　　价	35.00元

目 录
CONTENTS

祝你成为好"色"之人

2002年，我砍掉自己培训公司的所有其他课程，一心专攻性格色彩。很多人觉得可笑，一个小小的性格培训能走多远？如今，性格色彩已经走过了12个年头。

2006年，我头一次做性格色彩讲师培训，准备把我多年来行走江湖安身立命的看家本领倾囊以授，希望更多人一起来分享性格色彩。当时我所有的客户告诉我，这事不靠谱，你个人的讲课风格无法复制。我说，不同风格，各有千秋，我不必复制，性格色彩可以复制，人人都有自己的专精领域，都可与性格色彩结合产生新的力量。他们仍旧存疑，说这事悬，做不成。我知道他们怕我空忙活一场，最终落得个好心没好报，吃力不讨好；但我更清楚，未来若只靠我一个人拼死讲课，就算天天讲，讲到死，天下也没多少人有机会听到这宝贝。如果我确定此事可福祉千秋，理应尽力，假以时日，人们会懂的。

今年年初，我把公司彻底转型，专注于为企业和个人做性格色彩培训师和演讲师的认证培训，旨在培养和服务更多的传道者，聚集天下各方豪杰，在各个领域共同助人。

过去十几年，我一边讲课，一边研究，发现还是有很多人没有机会学习。为了让更多人知道性格色彩的妙用，就开始学习写书，这样，无论读者何时何地，都可通过阅读进行心灵对话。再后来，我把三分之一的时间花在做电视上，有幸出了点名，就成了今天这个样子。

或许很多人不解，凭我现在这些江湖虚名，到处晃晃悠悠也可丰衣足食，何必那么辛苦地继续吭哧吭哧赤膊上阵做培训？这事的表面是，我始终觉得电视的光环都是幻象，可捧你，也可摔你，瞬间让人不知南北，持而盈之，不如其已，揣而锐之，不可长保，对我这种修为还不深的家伙，应有自知之明，保持距离；这事的实质是，我干的那些光鲜亮丽的活，都很难让我获得高满足，唯有在讲课时，当我运用性格色彩帮助人们真正走出内心的困惑和痛苦，解决了一个又一个问题时，既有无限价值感和荣耀感，又可享受思想丰盈和心灵成长的无限乐趣。说得大白话些，做电视，我肚子里那些货只出不进；做培训，我肚子里的货有出也有进。

我笃信，这种助人的成就感和喜悦，不仅我有，所有的性格色彩培训师都有，所有热爱性格色彩的人们也有。这种喜悦，让我们乐此不疲地将性格色彩分享给更多好"色"男女和暂时还不好"色"的男女。因为有太多朋友愿意分享内心底部最真实的感受，愿意分享酸甜苦辣的人生经验，《色界》应运而生。

《色界》中的每篇文章都是每个作者性格色彩运用的心得和秘笈，取材于遍布各地的性格色彩培训师、咨询师和资深"色"友。这些人三教九流五湖四海，阳春白雪下里巴人，上至花甲下及稚童，表面上毫无关联八竿子打不到一处，却因大家都对探究自我和他人内心的执着走到一起相互交流，众人皆因性格色彩结缘，故此套书系名为《色界》。

《色界》中的文风，有的直击人心，有的婉转道来；有的理性思辨，有的温暖治愈；有的帮你赚钱，有的梳理情感；有的治心痛，有的断妄想；有的喝执念，有的棒贪痴；有的剥八卦肥皂剧情见赤裸裸人性，有的抽古典高大上史实谈人生起落兴衰。

《色界》绝非听一家之言，而是集百家争鸣；《色界》不仅诉说术业有专攻，更分享各界经验；《色界》谈色，方方面面，里里外外，深深浅浅，永远离不开性格色彩；《色界》无界，士农工商，乡绅土豪，学子老者，都能在此找到方寸之地。唯愿所有的好"色"男女，借助《色界》，透过他人的分享，看见自己，凭借性格色彩这一充满魅力的性格分析工具，得见众生。

若你是头一次听说性格色彩，初次窥探，这本书的门道，可帮你就地取材，解燃眉之急；若你早就懂了性格色彩，恭喜你，同道相谋，触类旁通，此处宝藏无穷，君可尽情遨游。

不多说了，色界相见。

下面，让我们进入"色"的世界 >>

INDUSTRY ARTICLE

行业篇

红、蓝、黄、绿四种性格，
每一种都有各自的优势和短板。
懂得发挥自己天性中的优势以及通过后天的修炼弥补短板，
每种性格都能修炼成行业的精英甚至大师。

理财投资

哪种性格可以复制罗杰斯的成功
（上）

文 / 谭昊

资深色友、《理财周报》执行主编、新浪财经专栏作家、中国顶级投资家生态圈RIH投读会创始人，微信公众号：RIH118

吉姆·罗杰斯是谁？

他是个个子不高的可爱老头，在全球投资界，他的名声可以与巴菲特、索罗斯比肩。

而事实上，他正是索罗斯早年的创业搭档。

他与索罗斯共创的"量子基金"，在十年里投资收益率达4200%，同期标准普尔500指数上涨不足50%。

与索罗斯分手自立门户之后，他一直活跃在投资界的舞台，尤其以对全球商品的研究著称。

1988年，他创立"罗杰斯国际商品指数"，截至2012年4月30日，该指数14年间上涨了278.7%，同期标准普尔500指数仅上涨了59.7%。

他也因此被称为"商品大王"。

他喜欢预测，曾准确地预测过1987年的美国大股灾；最早预测美国的次贷危机；最早预测冰岛将破产；他对油价将过100美元/桶、金价将过1000美元/盎司的预言更是一一实现了。

因此，他被西方媒体称为"拥有水晶球的魔法师"。

而更有趣的是，他是打破三次吉尼斯世界纪录的旅行家。他曾两次驾车环游世界，穿越116个国家，还三次横穿中国，是最早游历中国的老外。

他可以说是投资大师中红色的代表。本文将以九个小故事来分析罗杰斯的红色。文中部分细节来自于他的传记《水晶球》，作者杨青，在此表示感谢。

故事1

让中国的年轻女记者写传记

　　罗杰斯的唯一授权传记《水晶球》，由中国青年报的记者杨青执笔，这也是迄今为止国际顶尖投资家里面，唯一一个由中国人写的传记。

　　罗杰斯自己曾这样回忆：

　　　　我从未想过会让一个非本土语言的作者写我的传记。最初，当杨青提出要为我写传记时，我以为她只是心血来潮说着玩的，不久就会将这个"奇异"的想法抛诸脑后。即便是本土语言的人要给我写传记，这也是一份棘手的活儿。

　　　　说实话，我对一位中国年轻女记者能否很好地理解我的习惯和思想并不看好。她对我了解多少呢？她对我的了解足够可以写我的传记吗？她是否真的考虑过这样做的难度有多大呢？一开始，我真拿不准。

　　但他还是这样做了。

故事解析

　　试想一下，如果有一天你要出自己的传记，对于执笔人，你面临三个选择：

　　1. 从小就认识的朋友，熟知自己的成长经历，对自己知根知底。

　　2. 在成名之前就认识自己的记者，经过多年的交流，对对方的能力、文笔、专业能力都认识得非常充分。

　　3. 认识时间不长的外国记者。

　　四种性格最有可能的选择是什么？

　　蓝色是追求完美的，找一个人写自己的传记，一定要求极高。要对那个人了解得极为透彻，同时也要求那个人对自己的了解极为透彻。而且更重要的，还必须"看对眼"，找到那种默契的感觉。

　　黄色是目的性第一的。他只会考虑两个因素：首先，谁能把这本书写好。其次，谁写能让这本书更好卖。

　　绿色相对来说没那么挑剔，能写出来就行。

红色在选择时则更容易受到感情因素的影响。

因此，在四种性格里面，最有可能选择第三项的是红色。

红色骨子里喜欢创新、喜欢"奇异"、喜欢与众不同，并愿意为此冒风险。

正如罗杰斯所言，在一开始，他根本拿不准，传记交给一个外国人能否写好。

但他还是这样做了。

其实回头来看，这个决策是非常英明的，但是回到当初那个时间点，这个决策显然是要冒一定风险的。

故事2

上学时"爱表现"

小时候，说到上学，罗杰斯总是很兴奋，学校是他最喜欢去的地方。而在老三马布瑞的眼里，罗杰斯这种对学校的偏好，总是反映在每天早上去学校前，他对所有的细节都不断地追求完美，他要确信所有的准备工作都万无一失。

罗杰斯对此却不以为然，他认为这是自信的一种表现方式。在一个品学兼优的孩子心里，能够在众多同龄人中被老师、家长赞许，成为大家艳羡的对象，本身就会给人以无穷的精神动力。

马布瑞后来曾这样解释，罗杰斯的这种自信有时候带点炫耀的成分，"他喜欢被关注"。这种观点，在罗杰斯事业巅峰时期的搭档乔治·索罗斯的传记中，也有类似的提法。在他看来，罗杰斯有些自命不凡，这个从南部乡村亚拉巴马出来的农家子弟，聪明绝顶，进入著名的耶鲁大学和牛津大学学习，他的招摇表现实际上是希望别人不要忘记他。

故事解析

面对关注，四种性格的表现截然不同。

蓝色天生不愿意被关注，他宁愿默默地在角落，活在自己的世界里，有少数几个懂的人就行。

黄色的做法是，如果被关注有用，那么就去争取关注。如果不被关注更有用，那就不会出风头。

绿色也不愿意被关注，不愿意承受压力。

唯有红色是天生的需要被关注，"只有聚光灯才能让自己热血沸腾。"

从罗杰斯读书期间的表现以及兄弟朋友的评价来看，他的红色跃然纸上。

故事3

卖房子的纠结

罗杰斯在纽约有一栋豪宅，因为不看好美国的房地产，所以准备卖掉。

一开始就有三户人家对他的房子非常感兴趣，到最后有两户人家来看房。现在的买主，一直很喜欢他的房子。为了保持这栋房子的原汁原味，当初他费了很多心血，派他的室内装饰设计师专门到英国淘来的19世纪的古董家具，他自己在世界各地探险时搜集的各种"战利品"，以及一些精装百科全书，他一样也没有拿走，而是全部留给了下一位房主人。买主很为他的豪气感动，多付给了他100万美金。

按照双方的约定，买主将在签字前一天下午再来看一次房进行确认。双方约定2月17日下午3点来看房。2月15日下午，雅虎网站的人来给房子拍片子，并对他进行了专访。主持人请他带着给观众讲解一下这栋房子的历史、家具以及那些"战利品"来自何处。

正是这一次回顾式的节目将他长久以来压抑在内心的伤感全部勾了出来。想到他要离开美国，雅虎的工作人员也忍不住伤感起来，这种伤感更加重了他的忧伤程度。他给已经回到北卡罗来纳州的妻子佩姬打电话："佩姬，我感觉很不好，想到房子要卖了，我就很伤心！我怎么会想到把房子给卖了呢？"佩姬在电话那头安慰了他好一阵子，才暂时让他糟糕的情绪有所缓解。

这一天，大家在忙乱中都没有顾上吃饭，他提议大家一起出去吃顿饭。他们去了附近的一家中餐馆。去餐馆的路上，他问他的朋友克莱尔是否可以不卖房子，克莱尔的答案是："几乎不可能，如果重新买回房子要比原来多付三分之一的钱。"克莱尔表示，如果他毁约，即便他不卖房子，也要交纳房价三分之一的违约金。用克莱尔的话讲，即使罗杰斯要以多出三分之一的价钱买回自己的房子也不大可能了，"除非新房东死了"。

他向克莱尔抱怨："你知道这不仅仅是一栋房子，它是我生命中很重要的一部分，我把这一部分也一起割舍了！这真是伤透了我的心！难道就没有别的办法了吗？你怎么能就这么把我的房子给卖了呢？"他开始埋怨克莱尔了。

"这房子挂牌三年了，你有三年的时间来思考是否要卖房子，你当初是想通了要卖这栋房子的。怎么能说我就这样把你的房子给卖了呢？"克莱尔对罗杰斯的埋怨感到不解。

这顿饭在酒精的作用下，勾起了他对往事的回忆："你瞧瞧我都做了些什么？居然将纽约最好的房子卖了！这房子以后三五年内在纽约都很难找到！这真是个错误的决定，我伤心死了，都恨不得哭！我真后悔做了这个错误的决定。"他不止一次地在人前叹息。

故事解析

整个故事将罗杰斯卖房过程中的情绪与纠结刻画得栩栩如生。

请问，如果做错了事，最容易后悔的性格是哪种？

黄色不后悔，因为后悔没有用。黄色做事的第一原则是看有没有用。他们会认错，如果认错有用，会改正，如果改正有用。但是，不会后悔。

蓝色可能会后悔。如果说事情做得不够完美，他们会纠结，会后悔，甚至会抑郁。

绿色很难后悔。即使做错了，他们会试图接受这种错误，调整自己的心态。

红色容易后悔。因为红色的情绪化。

从这个故事的细节里面，可以清晰地看到罗杰斯的情绪化。其实卖房子本身这个决策并没有错，但是因为勾起了他的情感，所以他变得非常纠结。

这是典型的红色行为。

故事4

不会拒绝记者的人

罗杰斯几乎每天都有一个很重要的工作——接受全球各地记者的采访。

用一个朋友的话说："他基本不会拒绝记者。"无论是在跑步机上，在看盘，或者在敲电脑，他都可能同时接受记者的采访。当然，他也有些神奇的一心多用的能力。

另一方面，通过全球媒体的宣传，他的品牌和知名度也得以确立。

故事解析

不会拒绝记者，最可能的性格是哪种？

黄色视情况而定。如果接受采访有用，他会很乐意。如果他认为接受采访没用而且耽误时间，他会毫不犹豫地拒绝。

蓝色会很审慎地面对记者的采访。因为他们害怕讲得不够完美，所以会做大量的前期准备工作，不会随随便便接受采访。

绿色拒绝记者的概率比较低，但通常是被动的。

红色会非常乐意接受记者的采访，甚至不愿意放弃每一次机会。因为天性中的"爱表现"。

故事5

情绪波动大，来得快去得快

罗杰斯出版他的《中国牛市》，他曾在纽约商品交易所举行华人社团签售会，邀请他的华人团体。他在当时使用的是一台老式的笔记本电脑，反应速度很慢。看见电脑半天没反应，罗杰斯当时就火了，气得准备立刻甩手走人。

不过在主办方的安抚下，直到看见电脑恢复正常，能够显示自己的演讲内容了，他才消了气。谢天谢地，主办方也松了一口气。之前的小插曲并没有影响他的情绪，这场演讲非常精彩。

故事解析

黄色和绿色都不会在现场发火。

"不以物喜，不以己悲"的绿色，在面对突发事情的时候，绝对是心如止水，处变不惊。不会计较现场设备的老旧，只会按照自己的节奏，悠然说着自己要说的内容。

黄色，思索着如何顺利地完成这次签售会，则会控制住自己的脾气。他会为了达到目的，想办法要求主办方解决设备老旧的问题，甚至会对主办方施加压力。

以安全著称的蓝色，则根本不会发生这种类似的事情。他们会为这次的签售会做足准备，自己带上电脑，或者去之前打过多次电话进行沟通。蓝色根本不会允许现场发生这类的事情。

红色，碰到这种情况，必定会大发雷霆。罗杰斯就是如此，气得想离开会场。红色虽然情绪较为波动，但是事情解决了，三分钟后又会忘记这不愉快的事情，又情绪饱满地继续他的演讲。

故事6

骑摩托车环游世界

罗杰斯一直以来想要过不同的生活，区别于华尔街的生活。他一直都希望去看看外面的世界，希望能体验不同的生活方式。罗杰斯曾说过："我有很强烈的冒险欲望，我梦想了很多年骑摩托车环游世界。"

1988年，罗杰斯为他的环球旅行做准备。大凡爱玩摩托车的人，都是喜欢冒险之人。一想到自己可以随心所欲地周游世界，他就热血沸腾，他要真正开始另一种生活。他要创造另一项吉尼斯世界纪录——千里走单骑，环游世界！

曾经，他将自己摩托车骑士的冒险目标聚焦在苏联。通往目的地的漫长道路并不顺畅，罗杰斯花了9年的时间和苏联人接洽，但所有信件和愿望均石沉大海。他甚至运用了关系和苏联驻华盛顿大使通上了电话，但依然无果。

这更激发了罗杰斯对苏联广袤的西伯利亚的好奇和向往，最后他通过苏联国际旅行社董事伊万·加里宁给苏联的一个体育组织写信，表达了自己对穿越西伯利亚的渴望。终于在1990年3月，他开启了自己人生第一次的环球旅行，从爱尔兰出发，两次穿越中国，途经苏联。这一次共走了57020英里，耗时20个月，终于创造了吉尼斯世界纪录。

罗杰斯并不满足，他还在计划着他的第二次环球旅行。第二次的旅行，罗杰斯决定将旅行工具从摩托换成汽车，并决定将这次行程搞大，他公开招聘摄影师和互联网专家，一路记录他们的传奇行程。他们通过互联网每天随时向世界发布他们的所见所闻，这应该是绝无仅有的一次。这一次的旅行长达3年，全程15.2万英里，2倍于上一次的摩托车环球路程。他再一次创造了历史，被载入吉尼斯世界纪录。

故事解析

浪漫的红色，他们非常看重人生的"体验"。一成不变的人生，绝对不会出现在红色身上。他们希望自己人生的色彩有变化，他们希望感受不同的人生，他们可以把一辈子当几辈子过。红色的变化，会让他们比其他人更容易尝试完成不同的人生感受。

他们的大脑里充满了浪漫的色彩，有些想法可能太过冒险，太不切实际了。但健康的红色，会让他们的梦想通过努力逐渐变成现实。罗杰斯就不甘于只过华尔街的投资家生活。对于他的环球梦想，他会想尽办法去实现。他为了解决戴眼镜的问题，特意去做了眼睛手术。他对苏联的好奇，可以花9年的时间进行长期的沟通，从而才得以实现梦想。

红色希望通过完成梦想体验来得到人们的关注。罗杰斯的红色在这点上，体现得淋漓尽致。在他第二次环球旅行时，他公开招聘摄影师和互联网专家，一路记录他们的传奇行程。罗杰斯还通过互联网，每天随时向世界发布他们的所见所闻，这在当时应该是绝无仅有的。

与红色一样具有梦想的，还有黄色。但黄色的梦想并不是看重人生体验，也并不在意人们的关注，他更看重成功后获得的尊重。

蓝色具有古典情怀，当脑子里闪现出环球旅行的幻想时，会思考诸多问题。如安全问题、经费问题，等等。可在19世纪，当时的交通不发达、信息不通畅、局势不定的复杂情况下，如此疯狂的想法，一早就会被蓝色判定为不切实际，直接KO掉。

稳妥的绿色，会因为他们太追求平稳，宁愿不冒风险。绿色太安于现状，他们根本没有红色那么多新奇的想法。即使有，也会因为风险，或者太耗力气和时间而决定先看看别人的经历，如此，他们就当自己也完成了梦想。

故事7

Party爱好者

罗杰斯喜欢高朋满座，从1977年开始，罗杰斯每年都要在自己位于曼哈顿西区的豪宅中，举行一次隆重的化装舞会。他会邀请一帮好友参加这个盛会，每位被邀请的男士必须穿上黑礼服，而女性则化装成什么样的都有。换言之，化装舞会就是找乐子，让在重压下有些变形的"纽约人民"放松一下。总之，怎么高兴怎么玩。

故事解析

面对生活、工作的压力，只有两种人会非常阳光、正面地面对最艰苦的日子，即红色和黄色。

黄色能正面积极地面对惨淡的人生，是来源于他们不服输的动机。他们会正面积极地想办法解决现在的困境，或者是麻烦。他们的行为更侧重于解决问题，而根本不会浪费时间放在调整自己的心情上。

虽然红色也和黄色一样，非常阳光、正面、积极。但红色的正面思考，更多的是因为他们天性习惯于"向往快乐和美好"的动机，更加侧重于精神层面的追求。红色不会被一些事物困扰，罗杰斯就是如此。即使在1979年全球性经济衰退的情况下，他都继续在家里开着化装舞会。

红色，他希望将他的积极乐观、追求快乐的方式传递给身边的人，让大家保持对美好生活的向往和信念，哪怕处于当时石油危机引发的经济衰退期。

健康的红色脸上始终带着笑容。罗杰斯的招牌动作，就是他可以展现他带有酒窝的笑容。罗杰斯在任何场合从来都不吝啬他的招牌式微笑。

蓝色比起红色和黄色，他们缺少那种充满朝气和信心的蓬勃生机。面对压力，蓝色会抱怨，甚至用挑剔的方式来破坏自己或他人美好的情绪和热烈的生活向往。

绿色是感受不到压力的。即使在困难的岁月里，绿色知足的个性，不会对自己或他人提出更自我的要求，他们觉得生活已很幸福。所以，绿色也绝对不会为了让自己开心而花大力气去筹备舞会，他甚至都不会主动参加这一类型的活动，因为参加这类事情太烦琐了。在绿色心中认为，能安静地躺在草地上晒太阳就是一种幸福。

故事8

哥大的"领结教授"

1983年秋天，罗杰斯应哥伦比亚商学院院长戴勒·帕托尔的邀请，为哥伦比亚商学院的学生讲课。最初，罗杰斯对自己能做好老师并没有太大的把握，他在意的是能到哥伦比亚商学院健身俱乐部练习壁球。

当帕托尔向他发出邀请时，他问："如果我接受市场调查邀请，是不是就可以用商学院的健身房打壁球了？"哥伦比亚商学院健身俱乐部采用会员制管理，要想在那里健身，必须缴纳一笔不菲的费用，帕托尔很快给了他肯定的答复。

在如何解决缴费的问题上，罗杰斯提了个建议：如果哥伦比亚商学院能让他免费使用商学院的健身房打壁球，他将免费给商学院的学生讲课。这个交换条件简直太优惠了，帕托尔立刻应允了下来，并着手帮他办好了出入健身房的手续。

1983年9月7日，一个周三的下午，新学年伊始的第一堂证券分析课上，哥伦比亚商学院的学生惊喜地发现，传说中的"华尔街传奇人物"罗杰斯隆重地穿着白底黑边小礼服背心，系着黑色印花领结，像一位英国绅士般屹立在讲台上等待着开讲的那一刻。在院长帕托尔简短的介绍后，教室里爆发出了热烈的掌声。罗杰斯在哥伦比亚商学院的教授生涯开始了！

尽管哥伦比亚商学院并没有要求教职员工必须得打着黑领结上课，但罗杰斯一直坚持着正装给学生们讲课，他也成为哥伦比亚商学院著名的"领结教授"。罗杰斯在华尔街的成就与他特立独行的授课方式，吸引了不少学生和教授前来旁听，还有不少学生专门申请到他门下"学艺"。

罗杰斯讲课时表情丰富、声情并茂，讲到兴起时，他甚至会将一只脚踩在一旁的板凳上，手舞足蹈地讲述1851年棉花的需求曲线图以及当时的历史大事。听他的课犹如在看一幕历史舞台剧，既是一种享受，同时也是一个巨大的挑战。

故事解析

罗杰斯竟然为了在哥伦比亚商学院健身俱乐部练习壁球，而同意为哥伦比亚商学院的学生讲课。这对于罗杰斯的身份是如此的不协调，但为什么罗杰斯会提出这样看似好玩，但又不合理的要求呢？在这点上，罗杰斯将红色充分体现出来了。

罗杰斯完全有能力支付在哥伦比亚商学院练习壁球的费用，但他依然用授课交换使用权。只因为红色追求着好玩、趣味性，他才不管合理性和价值性。

罗杰斯讲课时表情丰富、声情并茂，讲到兴起时，他甚至会将一只脚踩在一旁的板凳上手舞足蹈。罗杰斯没有参加过任何的演讲培训班，红色出众的表达能力，完全得益于他们天性中具备的感染力以及与生俱来的表现力。

红色表现力的来源，就是天性中的表现欲和内心希望受到别人关注的强大情结。罗杰斯在授课时的表现，就完美地展现了红色表达能力的三大法宝："面部表情"、"夸张的肢体语言"和"富有节奏感的语气"。听他的课犹如在看一幕历史舞台剧般引人入胜，吸引了不少学生和教授前来旁听。

红色的表达追求效果，所以他们会感染大家，让听众心动。而黄色所看重的是演讲的结果，他的煽动性最具有影响力。他的表达目的一针见血，不是打动人心，而是驱使他人行动。

故事9

一见钟情的"多情种"

1964年冬天，22岁的罗杰斯在旅行中与露易丝一见钟情，两年后两人成婚，露易丝成为罗杰斯的第一任妻子。

32岁的罗杰斯在酒吧偶遇杰妮·弗卡顿，双眼对视。在那一刻，罗杰斯就被她深深地吸引了，3个月后闪婚，弗卡顿成为罗杰斯的第二任妻子。可惜这段婚姻仅仅维持了两年。

两次失败的婚姻，并没有影响罗杰斯的桃花运。35岁的罗杰斯，在一次聚会上结识了年长他4岁的出版经纪人简·罗森柏格·盖夫曼，两人在瞬间就走在了一起。这段感情维持了10年。

罗杰斯曾表示，简很懂得给他一个相对自由的空间，让他既感到很舒适，又不至于离得太远。简也了解罗杰斯喜欢新鲜漂亮的女人，但她知道罗杰斯虽被外面的"美景"吸引，但激情并不会持续太久，随后就会热度骤减，很快失去耐性，回到她的身边。

罗杰斯还在与简同居时，他认识了老朋友碧菲的女儿——21岁的塔碧莎。自从认识塔碧莎后，两人的感情逐渐升温。对彼此的新鲜感，让两个人的热情在相当长一段时间内互相燃烧，分不清谁是谁，罗杰斯决定离开简。相处3年后，罗杰斯甚至决定与塔碧莎结婚，但最终因为塔碧莎的母亲要求罗杰斯投资而告吹。

最终，54岁的罗杰斯，在北卡罗来纳州南部城市夏洛特的钱币博物馆演讲时认识了28岁的佩姬·帕克，这次的爱情又是一见钟情。罗杰斯自己也坦承，他喜欢年轻、漂亮、聪明的女性，但性情多变表现在情感上明显的特征就是抗拒任何强加于他身上的东西，一旦他感受到胁迫，他会暴跳如雷，非常抵触。

故事解析

红色容易"一见钟情"。罗杰斯就是如此，几乎他所有的爱情都是一见钟情。红色"浪漫多情"，他们在不断地寻找自己的真爱，甚至会出现同一时期和多个对象相处，用体验的方式去享受爱情，感受谁是他的Mr（Miss）.Right。罗杰斯在与简同居的10年内，还同时与多位漂亮、年轻的女性相处。红色对此事乐此不疲。

其实，蓝色在情感的历程中不断地寻找自己的天命真女或白马王子。但他与红色的差别是，蓝色认为如果你不是我要找的人，即便你有诸多令人心动的特质，我还是会自动停止或者放弃。

怕麻烦的绿色，绝对不会同时与多个对象相处，这对绿色来说，真是太累心了。

红色在"姐弟恋"、"老少恋"的接受程度中排名榜首，这也是源于他们的开放心态和为人的感性，罗杰斯就差一点与自己老朋友的女儿结婚。蓝色绝对做不到这一点，蓝色的深思熟虑，绝不会让自己有悖婚姻常理。

红色具有浪漫主义色彩，同时出于对自由强烈的渴求，可以本能地分辨出包袱，并且毫不犹豫地甩开它。罗杰斯自己也坦承，抗拒任何强加于他身上的东西，一旦他感受到胁迫，他会暴跳如雷，非常抵触。简就深谙此道，给足罗杰斯自由，这样才能与罗杰斯相处十年之久。

哪种性格可以复制罗杰斯的成功
（下）

文 / 谭昊

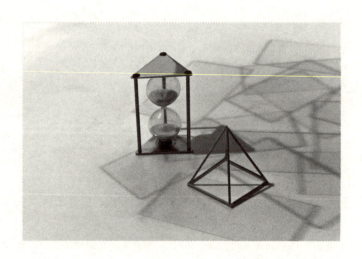

在上篇中，以九个故事告诉了你为什么投资大师罗杰斯是红色的。

那么，红色对于罗杰斯的投资生涯有何帮助呢？

我们来看看下面这五招，这五招可以说也是红色修炼投资心法的优势所在。

红色投资心法第一招

边玩边投资

　　罗杰斯曾先后两次环游世界，这种旅行，在某种程度上也相当于实地调研。他的很多投资，也正是在旅行过程中做出的决策。

　　对于国家的投资方法，罗杰斯采用的依然是当年量子基金的宏观投资法。如果相信一个国家，就押宝于整个国家。

　　他最初进入的是巴西，这个国家有很多的自然资源，实地考察之后，他说："我看到的是这个国家正在更加繁荣，而且更加开放。"

　　当时是20世纪70年代中期。几年之后，巴西的股市翻了10至15倍。不是某只股票，而是整个市场。

　　进入上世纪80年代，他把目光瞄向德国。以他的判断，保守党在失势多年后重回政坛，必将进行重大改革，掀起一股投资热。他预测沉寂了15年的德国股市即将焕发新的活力，一个超级大牛市即将来临。

　　1981年夏天，他和女友简去欧洲兜了一圈，在慕尼黑时，他找了一位经纪人让他帮着买些德国股票。

　　果然，4至5年后，1985年到1986年初，罗杰斯抛出了所有的德国股票，这时上涨了两倍半。

　　类似的案例还有奥地利，罗杰斯1985年投资奥地利股票，1987年卖出，涨了4至5倍。

招数解析

　　在四种性格里，红色是最喜欢旅游、探险的。这与他们天性中的爱自由、爱快乐有关。

　　如果能够把工作跟玩乐结合起来，对于红色来说就是最棒的选择，而投资无疑是具备这个职业特点的。罗杰斯聪明地把这种天性与投资的职业完美地结合了起来。

　　他通过旅行，到了100多个国家，相当于全球的实地调研。通过这种耳闻目睹和切身感受，能够真实地体验不同国家的经济状况、产业情况乃至市场的真实状况。这种一线体验，是多少钱都买不到的。

　　事实上，通过两次环球旅行，他投资了全球很多国家的股票，赚了很多钱，也为自己赢得了很多声誉。

红色投资心法第二招

涉猎品种极广

罗杰斯应该是全球投资品种最多的人之一。

前文中提到，在环球旅行过程中，他投资了多个国家的股票，也包括中国。

而除了股票之外，商品期货和现货乃至房产，也都纳入了他投资的视野。

比如，他曾于1998年创立罗杰斯国际商品指数（RICI），到2003年11月，该指数已达119.73%的升幅，超过同期主要指数。

而在前不久，他甚至买了不少朝鲜金币。

招数解析

四种性格中，最热爱新鲜事物的是红色。

所以红色是闲不住的人，如果强行画一个圈，把红色禁锢在里面，他们会很难受。

罗杰斯充分发扬了红色的这种热爱新鲜事物、热爱探索、热爱学习的优势，把自己的投资范围放宽到了多地域、多领域、多品种。

当下的投资是全球化配置的时代，通过全球化的资产配置，能够更好地抓住投资机会，同时通过不同国家的组合配置来降低风险。而这一切的前提是，你需要对不同国家的情况，不同的资产类别有了解。

罗杰斯做到了，他也充分享受到了全球化配置的好处。

红色投资心法第三招

与媒体的关系良好

前文已经提到，罗杰斯几乎是一个不懂拒绝记者的人。

付出多自然回报就多，多年来，他与华尔街乃至全球的媒体圈建立了良好的关系。

很长时间内，他都是《巴伦周刊》年度圆桌会议的年度嘉宾。

也是多份主流报纸的撰稿人。

这种全球范围内的声誉，也为他的投资带来了很多机会。

招数解析

爱表现、喜欢聚光灯，本来就是红色的天性。

所以，红色与媒体打交道有着天生的优势。他们热情，不做作，敢于表达，有时还语出惊人，为媒体提供良好的素材。

而罗杰斯恰恰发挥了这种优势，为自己的成功铺平了道路。

红色投资心法第四招

闪电般的行动

第四次中东战争打响。1974年初，《纽约时报》的一篇文章引起了罗杰斯的注意。文中指出，尽管以色列军队反应迅速，运用大规模的导弹战逐步掌握了战争的主动权，但在此次战争初期，以色列军队还是被阿拉伯军队的防空体系揍得措手不及，损失惨重，还损失了大量的飞机和坦克。为何拥有先进的战斗机和卓越飞行员的以色列军队，不敌阿拉伯军队，反而被阿拉伯军队揍得鼻青脸肿？

喜欢刨根问底的罗杰斯惊异地发现，华尔街上竟然还没有一个专门研究国防军工业股票的分析师，他还去了几家公司深度调研。他发现，政府不得不加大在军备方面的投入，他想到了这个即将"井喷"的"新大陆"。

罗杰斯的内心禁不住热血沸腾。要快，一定要快！要在那些枪手还没来得及闻到这块领域的腥味时，"索罗斯基金"就要提前占领制高点扣动扳机。他搭乘最快的航班赶回纽约，迫不及待地告诉索罗斯自己的新发现。

1974年夏天，罗杰斯管理的"量子基金"就买入洛克希德公司、洛雷尔公司等的股票。洛克希德公司的股票以2美元购得，在这一年，洛克希德公司的股价飙升至每股120美元。8年间，仅在这只股票上的收益就飙升60倍。洛雷尔公司的股票从最初0.35美元涨至31美元，量子基金在此的利润翻了88倍。

招数解析

红色激情澎湃，他们比其他任何性格都能更快地着手自己的计划。

某些时候，机会稍纵即逝，投资需要争分夺秒，特别在已经完成全面调研的情况下。比如，当时罗杰斯发现军工股是一块没有人发掘的宝藏时，便迫不及待地去投资，抢夺投资时机。

罗杰斯发挥了红色的积极优势，给了自己一个闪电般的开始。

红色投资心法第五招

卸掉历史包袱，更快地复原

1970年，罗杰斯因投资"大学计算"而导致破产。那段日子，几乎每个夜晚，罗杰斯总会在噩梦中惊醒。

自从罗杰斯经历了"大学计算"的破产绝境后，他不再有任何睡眠的困扰。当一些基金经理，还在夜里反复琢磨自己的投资组合时，他却沾枕头就睡着，等待着第二天精神百倍地在市场上冲杀。

后来有一次到中国演讲时，他让随行的中国记者见识了这种随地就着的神功。从电视台录影棚回酒店的一段40分钟路途中，他告诉随行人员自己要休息一会儿，果然，几分钟后就发出了轻微的鼾声，到达目的地后，他立刻精神抖擞地开始了又一场的"战斗"。

招数解析

每种颜色都会经历让自己痛心的事情。但红色，却能比其他性格更快地忘记那些不开心的人和事。

投资这份职业，在某种程度上就是一个不断犯错，然后修正错误的过程。如果太纠结于某次错误，就会对自己产生影响。

从这个角度看，投资需要一颗"健忘"的心，才能更快地复原，更好地调整状态，更好地面对未来。

红色让罗杰斯能够快速释然，不带任何包袱，轻松上阵。

最后需要说明的是，红、蓝、黄、绿四种性格，对于投资来说，都各有自己的优势和短板。没有绝对好的性格，每种性格都能修炼出投资大师。

关键在于懂得发挥自己天性中的优势，以及通过后天的修炼弥补短板。

敬请期待下一篇，另一位蓝色全球投资大师的性格与成功。

航空服务

张开色眼，服务上帝

文 / 周蝶

中国性格色彩培训中心资深导师

空姐们在飞行过程中，会遇到形形色色的旅客，有人的地方便会有矛盾和摩擦，给对方最需要的东西，感受对方的感受，是空姐们需要做到的，然而做到这一点并不容易，只有在了解每种性格优势的同时也掌握了不同性格存在的过当，继而对引出的"钻石法则"①有了深层次的理解，才能深入渗透到具体的服务工作中，起到积极的催化作用。

色眼辨认来周旋，此色彼色差异大

飞行途中，客人们正埋头享用着晚餐，两只苍蝇"不识时务"地飞了过来，嗡嗡、嗡嗡地在人们头顶舞动着，把原本蛮好的客舱环境搅得一团糟。有人立刻放下了手中的餐具，显现忌讳状；有人开始不安地挥舞着双手试图驱赶；有人开始小声嘀咕，"怎么飞机上会有苍蝇"。甚至还有人干脆拿起报纸，卷曲一下当起了灭蝇工具，其中一位客人按响了头顶上方的呼唤铃——

空姐见状立刻跑上前去："请问先生，有什么事吗？"客人："看到了吗？两只苍蝇在飞，叫我们还怎么吃饭？"面对着情绪很不好的客人，空姐本能地立刻解释道："先生，真的是太抱歉了，发生这样的事。可眼下大家正在吃饭，我们打苍蝇不太合适，您看是吗？等大家吃完了我们再打吧？"空姐心

---

①钻石法则：知道对方需要什么，用适合对方性格的方式对待他。

里想着，万一苍蝇被打落了，掉到了谁的餐盒里都不太合适，何况那两只苍蝇也不是什么"等闲之辈"，能随随便便就成了你们的棒下鬼，还没吃到美餐就乖乖"束手就擒"啊？怎么也要为自己的生存斗一把吧？没看到刚刚还在和大家玩着捉迷藏的游戏吗？

遇到此类问题，会直接投诉的，一般是红色或黄色的乘客，他们相对外向，有问题直接表达。而会这样说的乘客一般是红色。黄色会直接说明要空姐灭了苍蝇。而蓝色更多的是看空姐们什么时候会自己来解决这个问题，如果解决问题的速度和他心中的标准不符，以后他可能就不会再乘坐这家航空公司的航班了。最息事宁人的是绿色，他们不会觉得这个问题需要立刻投诉或解决。

红色表达问题的同时也表达出了自己的不满和愤怒。空姐其实是想晚一点再解决问题，可是空姐的回答显然没照顾到客人的情绪。先生一看空姐不作为，愤怒的情绪一下爆发了："你们怎么回事啊！飞机上居然还会有苍蝇！这饭还让不让人吃啊！你们的卫生工作就是这样保证的啊？"

我们这位还挂着实习生牌子的空姐一下子没有了方向，内心想维护自己公司的形象，于是面红耳赤地只顾低头认错："对不起！对不起！我们原先是把飞机卫生都搞得干干净净的，只是在你们客人上来的时候，有脑袋上顶着，肩膀上扛着的，就把苍蝇蚊子给带上来了！"当她说这些话的时候，眼睛都不敢正视客人。空姐想说明不是自己的责任，不想这样一说，却把责任推给了乘客。

客人一听，更是火大了："怎么说话呢你！分明是你们自己没把卫生搞干净，居然还怪到我们头上来了，把你们乘务长给我叫来！"

那位年轻乘务员只好低着脑袋蔫蔫地去叫乘务长。只见那位资深乘务长舞动着手臂，做蝴蝶状"飞舞"着过来，满脸带着几分夸张冲着客人："先生，听说刚刚有两只小蝴蝶在您边上飞？！"

"苍蝇！"客人不屑地纠正道。

"是蝴蝶！"乘务长加重语气。

"苍蝇！"客人进一步纠正道。

"不对，是蝴蝶！先生您知道吗？您一边吃着饭，一边欣赏着两只小蝴蝶在您边上唱着歌、跳着舞，'亲爱的，你慢慢吃……（当即就唱起了《两只蝴蝶》的歌曲）'您看有多浪漫，多好啊！"乘务长边说着，边舞动手臂做"飞舞"状，周围的乘客都笑了起来。

客人半张着嘴，迟疑一下之后哈哈大笑起来："这空姐真逗，你真是太有意思了，好吧，好吧，不跟你们计较了！"一场冲突就此算平息了。

这时边上的另一位乘客用低沉而又缓慢的声音发出一句："你！赶紧走！要不然这里又多出一只苍蝇。"空姐听到后半天没回过神来。空气一下子被凝冻了起来。

两个乘务员用着专属红色的交流方式来应对这个问题。

如上那位年轻的空姐因为没有工作经验，在与客人交流的过程中犯了最常规的红色过当——口无遮拦与祸从口出，让客人不但听后觉得不爽更是情绪被催化，使得投诉升级。

而年长的乘务长为避免现场状况进一步恶化，一时又没有更恰当的解决方案，于是瞬间的反应使她本能地又运用了红色的夸张、幽默与调侃法，试图来缓和这里的紧张局面。

不得不说，这一招的确赢得部分客人的谅解与释然，红色就被夸张的表现逗乐了。对于红色而言，情绪的缓解比问题的解决更重要。心情舒畅了，问题什么时候解决就不是最最重要的了。

但随着另一位客人发出的质疑，又印证了不是每一种性格的人都可以接受红色的处理方式，而更容易被接纳和认可的应该更多出现在同一种性格的人身上。

以静制动无声色，后发制人难应对

随着一天辛苦的航程临近尾声，空姐们还没来得及为今天比较顺利的航班画上句号，却在落地前发生了一个小小意外。一位先生按响了呼唤铃并提出投诉，原因是被餐点盒中的小包装咸菜内一颗小石子硌到了牙，要求理赔。

先生："小姐，我在这份小包咸菜内吃到了这个（一颗小石子）。"

空姐："哦，是这样啊，太抱歉了先生，那您现在感觉怎么样？有没有硌到您的牙？能不能把它交给我？我带回去向有关部门反映。"

先生："现在暂时还没什么。"

空姐："那如果您有什么不适，立刻告诉我，我顺便再和我们乘务长汇报一下。"

当乘务长听到此事后立刻赶了过来。

乘务长："先生，我已听说了刚才发生的事，实在是太抱歉了，请问您现在感觉有什么不适吗？"

先生："哦，现在还没有。"

乘务长："那好，我们一定会回去向有关部门反映，及时地来处理这个事，如果您不介意的话，能否留下您的姓名、地址，以便我们有处理意见后及时和您做一个沟通，听听您的意见，您看可以吗？"（先生留下了他的地址、电话。）

乘务长："好的，那您要是感觉有什么不舒服了，请及时和我们反映。"

乘务长同时关照区域乘务员留心服务，不要再出现第二次问题。空姐们在后面的服务中，每每来到这位客人跟前时，便呈现既热心又小心翼翼状。

空姐："请问先生要喝咖啡吗？"

先生："好的，谢谢！"

空姐："请问先生，要喝茶吗？"

先生："不用，谢谢！"先生显得彬彬有礼，直到航班落地也没有任何异常信息。

空姐没觉得有太多异样，也就没有再过多问及此事。

当客人们都走了，乘务员发现那位先生一个人动也不动地坐在那儿，于是，便围了上去。

空姐："先生，请问我们还能为您做点什么吗？"

先生："这个，是问我吗？"先生一脸严肃。

空姐："先生，是这样的，刚才的事情我们一定会回去反映，只是想知道，您现在还需要我们为您做点什么？"

先生依然面无表情："这个，还问我吗？"

空姐："是这样的，先生，我们只是把您的意见先带回去向有关部门反映，处理这个事情需要一个流程，对于具体的解决方法，我们得等有关方面的意见，所以现在……"

先生继续彬彬有礼道："我想问一下，能不能再让我看一下那颗石头？"

空姐："没问题！"石头被迅速拿了过来。

先生："请问，我可以拍下来吗？"

空姐："哦，可以！"先生缓缓取出相机拍了下来。

先生："请问，我能再看一下那张字条吗？"

空姐："哦，可以！"（语气变得迟疑起来，但还是迅速拿来，以为他只是担心被扔了。）

先生又一次问道："请问，我可以加两行字吗？"（依然是征询的口吻。）

空姐："哦，可以！"语气变得僵硬起来。

先生在字条上又加上了航班号、石头大小和确切时间后继续问道："请问，我可以拍下来吗？"

空姐："哦，可以！"（语气进一步迟疑着。先生一直是问句，却没表达任何自己的想法。这样的方式让空姐心里十分不安。在红色的心里，你有什么事情直接说出来就好了，你不说我也不知道该怎么办。）

先生拍完后："请问，我可以走了吗？"

乘务组一看不对劲，便迅速围了上去并你一言我一语道："先生，您先别走，我们对今天发生的事以及给您带来的不适再次深表歉意，希望能得到您的谅解！先生，对于航班上发生的事，我们一旦有了处理意见，一定第一时间通知您。先生，现在只是还想问一下，您除了对我们今天的餐食不满以外对我们的服务还有什么看法？您能否量化一下您的需求？"（看不出任何情绪的变化，也没提出任何要求，这让习惯直接表达和发泄的红色觉得一定有问题，内心也更加不安。）

先生用平静而迟缓的口吻说道："记住，是你们让我说的！是你们让我说的，那我就告诉你们三点：

第一，我希望你们航空公司给我两万块钱的精神理赔，因为在这两个小时里，我一直被这颗石头惊吓着和困扰着。

第二，我希望贵航空公司给我三到五年的身体检查跟踪，因为我不能确认这块石头会带给我什么后续的麻烦和影响。

第三，我需要贵公司尽快给我出具一份专家和权威机构的有效证明，有关石头的性质及有害物质的含量。"

在描述这三条需求的时候，先生的面部始终不露喜怒，说完后，先生背着包，缓缓地离去。让乘务组所有人感到不安和背后传来丝丝的寒意……

从行为表现上来看，这位投诉石头的客人比较具备蓝色的行为特征。原因是，当他不确定提出餐食中存在问题而工作人员的反应和态度时，便一直保持静观状态，虽然回答空姐"目前暂时没问题"，并不代表着一直不会有问题，更不代表下机后也没问题，只是想通过空姐们自觉的行为，来认识、表达以及满足自己的内心需求，当然更确切地说，是希望航空公司能做出相应补偿。

问题是，一群空姐"粗心"到了让她们觉得说了就等于做了，所以除了表达"真诚"道歉以及需要回去反馈问题外，并没有让蓝色客人看到快速的实际行动。而他内心的不确定及怀疑式性格特征又无法确信对方的表达何时落实，会不会落实，于是，心生不满，再三思考后用了如上手法表达了他的顾虑、不满以及索赔需求。

这些需求实际只是表达不满的方式而非真正目的。因此，通过案例，希望更多人了解蓝色、理解蓝色及学会面对蓝色。

电视传媒

看美女主持"色"刀斩乱麻

文 / 房海燕

资深色友、上海电视台新娱乐频道《老娘舅》主持人

战争似乎离我们很远，但家庭战争却不停上演。包括暗战、明战、单挑、对峙、群殴等，种类繁多，让人目不暇接。伤人于瞬间，闹心于时刻。如若你与家人从未红过脸、拌过嘴，恭喜！暗潮涌动，心生不快，委曲求全的有没有？如若都没有，请略过此篇。

我所主持的节目是上海广播电视台新娱乐频道的一档民生调解类谈话节目《新老娘舅》，接触的都是家庭矛盾的事情，求助者大多是在家庭关系处理上遇到问题的人。他们来节目，各坐一边，各自讲述自己的经历或以为的事实，然后在叙述、对峙中找出真相，还原事件本身，最终找到解决问题的办法。

我做这个节目已经有七年多了，来我们节目寻求帮助的人，成长背景、文化程度、道德水准、认知水平各不相同。但能引起战争的，性格上却能分门别类。如果用性格色彩来分类的话，红色是求助人数最多、哭得最多、故事讲得最多，到最后笑得也最多的。黄色很简单，见好就收，目的性强。蓝色不多话却最难被说服。绿色，我不太有印象，即便有，也只是陪着来的，躲在摄像机后，结束了，再陪着回去。

在没接触性格色彩之前，我有个困惑。为什么有些人你跟他的沟通和交流就那么难？为什么有些人无论你说什么他都只在自己的世界里跳来跳去？为什么有些人无论你问了什么他都缄口不言？为什么有些人反客为主，要所有人都跟着他的思路走？为什么有些人无论什么都投赞成票，毫无主见？我也曾经叹息，清官难断家务事，虽然调解部分是由调解员负责的，但我依然跟着着急。

接触性格色彩，虽不深入，却也发现这是一把钥匙。

以下两则故事，是来我们节目调解的真人真事，性格问题是最易引发战争的诱因之一，更绝对是让战火升级的主要原因。

蓝色公公与红色儿媳

在看故事之前，我们得先知道红色和蓝色分别是怎样的性格。红色热情但情绪化，爱表达会发泄，容易高兴也容易难过。蓝色，隐忍之王，情绪经常会有，但何来情绪请君来猜，不轻易表达自己的喜恶，绕着弯子说话最在行。

张先生来到节目，看似非常不情愿，一直低着头。倒是旁边的老伴儿一上来就自带纸巾，抹着眼泪哭诉儿媳妇要拿刀砍公公的故事。

这还了得！赶紧追问缘由。婆婆却成了代言人："不知道她哪里不爽，我老公还在给全家人做饭，她说着说着突然冲过去就打我老公，然后就冲去厨房拿刀要砍。小姑娘估计是被她妈妈挑拨的，才会如此无法无天。"旁边的张先生只是偶尔"哎呀"叹气，并不多话，显得很无奈。

"我怎么可能挑拨？我只是心疼我女儿，她帮你们家生了对双胞胎不说，自己还努力工作。"对面的丈母娘忍不住插嘴了，"海燕，你听我说，那天白天，全家一起陪双胞胎拍周岁照，去之前有点误会就有些不开心，他们就一直给我们母女脸色看，我们为了小孩都没说什么。晚上回婆家吃饭，委屈一天的女儿就说起自己很不容易、很辛苦。她公公就来了句：你好不好不要自己说，要别人说的。我女儿有点情绪加上发嗲就说了：那爸爸你说，我哪里不好？我有什么不好？我是不是很勤劳，也很节约？你说呀！结果他来一句：你觉得呢？你看看桌上的灰。女儿一下绷不住就回了句：我要上班啊，爸爸，你有什么不开心就明讲啊，我是对你们不好吗？还是你们根本就不满意我？今天我妈也在这儿，你们说清楚。"

说到此处时，最多判断是一个求点赞，一个不愿赞罢了。但也好奇，怎么也不可能最后升级成刀光剑影？"怎么小文就突然爆发了呢？她是护士，照理来说不应该那么容易激动啊？爆发总有个点吧？"我转向张先生，问道。

"我只是实事求是地说：你好与不好干吗要说呢？缺点谁都有，你也有，你妈也有。"张先生声音很轻，也看不出什么情绪。

请各位注意，张先生从开始到现在，作为事件的主角，却刚刚开口。如果不是我转向他并阻止他老伴儿张太太继续代言的话，我可能还要再等。

蓝色是不太愿意在公开场合多说话的，他们不太愿意让太多人了解他的真实想法，他的一切想法，你只能通过仔细观察他的只言片语、眼神、小动作、表情等来猜测。猜对了，他觉得你懂，便好办。猜不对，对不起，他永远不会告诉你到底哪里判断有误，你再猜。张太太抢过话头："我老公刚说完，儿媳妇居然指着我老公，分贝很高地质问：你说我可以，你不能说我妈。我妈做错了什么，你凭什么说我妈！态度特别恶劣。然后我老公就说了：随你怎么想。就这一句，她突然就冲过来，把一桌饭菜掀翻，然后冲过去就要打我老公，被拦住，然后就冲进厨房拿刀。"

丈母娘立刻插话："她拿刀是想自杀，她把刀放在手腕那儿，我吓死了，一直拉她拉不住，还是爷爷力气大，拉住了。其实我女儿很懂事的，她爸爸身体很差，她即便受了委屈也不会回家哭，怕她爸爸担心。"

为什么同一个人，却有着截然不同的两种评价？为什么在一瞬间一个温柔的小护士就变成持刀喊杀的狂人？我越发想要和这位小文聊一聊。

打通电话，里面是一个轻柔的声音。"小文，你能告诉我，那天是什么激怒了你吗？""说我可以，不能说我妈。这是我的底线。""那你公公到底说了你妈妈什么呢？""就是不能说，他凭什么说我妈错了，他知不知道我妈有多不容易。""嗯，我也知道你父亲身体不好刚开了刀，但你公公具体说了你妈妈什么不好？""说了好多好多。""好多好多？都是哪些呢？""就是我妈不好，以前他们也说过，我提醒过的，不可以说我妈的，可是他那天又说了。然后我就控制不住自己了。我当时就想拼命，要不自己死了也行。我到底哪里做错了，他们要这样……"我分明听到哽咽、抽泣。"可是小文，其实你回忆一下，公公也没具体说你妈妈怎么不好。""我当时觉得他对我妈有敌意，我虽然知道我错了，但我当时真的控制不住自己。"

前后十分钟的对话，我听到了很多的情绪，却对了解事情因由没有任何帮助，我依然不知道她到底是天使还是魔鬼，但从这些话里可以判断，她很"红"，"红"得厉害。红色容易情绪化，容易被自己打动，容易入戏。红色，更在乎的是情绪的宣泄与期待与人共鸣。

调解节目的双方当事人最好都到现场，这样才能更真实全面地了解情况，帮助解决问题。可小文之前因怕丢脸而缺席。

我在电话里对小文说："你很伤心、很难过、很委屈，这我知道，我们能体会你的心情，或许换了别人也会冲动，相信你也克制了，只是没成功。但我们的电话不能占用太久，我们编导会发联系方式给你，你若愿意过来，我们一定等你。当然，你如果赶不过来，我们可能更多的是听到来自你公公婆婆的信息，可能会有遗憾。"果真，五分钟后导演告诉我，小文要过来，半个小时后到。

面对红色，要她听话其实并不难，首先要与之共情，理解甚至赞美，让红色觉得你是世界上最懂她的人，然后让她知道她如果不这样做，或许她将失去话语权或其他权利。那么，红色是坚决会给面子的，而且是主动的。

公公在面对红色儿媳求表扬时，蓝色的他绝不会违心夸赞。白天本来就不爽的红色儿媳，憋着一口气，终于在装乖卖嗲未遂之后，找到了一个理由全线爆发。红色婆婆见到事后蓝色老公闷闷不乐，心事重重；红色丈母娘看见乖巧女儿被逼狂的过程也忍不住指责念叨。于是，说走就走，上节目找说法。

小文来了，依然情绪激动。她说，她老公得知此事后，跑去她娘家把她爸妈臭骂了一顿，害得小文爸爸又一次入院。战火继续升级。

我问："你想离婚吗？"小文摇摇头。

"那你老公想离婚吗？"小文摇摇头又点点头又摇摇头："他之前说想，昨天又说不想，今天又骂我了。"

又是个红色吧，既然不想离婚，做的又都是奔着离婚去的事儿，如何调停？

红色的另一个特点便是，情绪一来便会不顾后果地冲动行事。就如同逛街，红色会忘记自己本来是来买箱子的，楼上楼下逛了个遍之后，收获的却是一堆自己"好喜欢"却只是"可能用得上"的衣服、鞋子、帽子甚至锅子。

过程不赘述，经过劝说与调解，离开时，婆婆与儿媳手拉着手，丈母娘在后面笑着看着。唯有张先生，开始并没有过太多指责，最后也不说原谅，就这样背着手，一人走在最前面，谁也不理。

红色说："我就不懂啊，你有什么不开心就说啊，还是我有什么做得不对的地方？"蓝色说："你哪里有问题还需要我说吗？你自己觉得呢？"红色说："你不说我怎么知道。"蓝色说："你不知道就算了。"然后蓝色忧郁地走开，而红色掉着眼泪觉得世界末日已经到来。

红色与蓝色沟通，如若始终不了解性格之谜，那永远不会互相懂得。

红色夫妻

"我老公与我的闺密在一起了，竟然在我眼皮底下偷偷来往了好久。而我却毫不知情，还跟闺密无话不说。如果不是那次我发现了微信，到现在我还蒙在鼓里。"小赵哭得两眼红肿，眼神里充满着愤怒、哀怨和失望。

"你看到了什么微信？会不会是误会？如果真有问题，你老公会保留这些微信？"我总是希望这种事情不会发生。

　　"短信里亲爱的、爱来爱去的，我不想说了，想着就恶心。如果不是我儿子拿着他的手机要我下载游戏，刚好那个女人的微信进来，我可能永远不知道。我那么信任他，从来没有翻看过他的手机，他说他永远爱这个家不会背叛我的……居然还是我的闺密。居然是我的闺密！"

　　红色会特别主动地跟你说发生的一切，特别是遇到质疑，她会更加着急地告诉你所有她掌握的事实，红色是需要被信任的，这在节目里无数次被印证。

　　"我特别不希望是真的。因为现在的词义都在异化。亲爱的大约等于喂，爱你大约等于谢谢。所以，你确认你没误解他？要不然，他今天怎么敢到现场来？"我继续表示疑问。

　　"他自己承认的。你问他，你问他！"小赵发抖的手指指向坐在那里低着头的老公小徐。

　　"我对不起她。"小徐居然就在摄像机镜头前承认了老婆所有的指认——用了五个字。

　　"你和她闺密？你知道对于一个女人这意味着什么吗？"

　　他并没有直接回答我的问题，而是抬起头说了以下的话。

　　"我今天来节目是她要求我来的。我必须得来，要不我就失去她了。所以，我来的目的就是：第一，我认错。无论你怎么打我骂我丢我丑都行，但我不离婚，坚决不离。第二，我希望你们能够帮助她，让她不要折磨自己，一个月瘦了十几斤，让她吃她不肯，说我来了她就吃，那我就来了。第三，我今天不做任何辩解，错就是错，但我愿意改，如果再犯，自动离婚，净身出户。"小徐一口气说完自己此行的目的。

　　"你不离婚，你不想离你为什么要背叛？为什么！我瘦是因为痛，痛知道吗？心会痛知道吗？你愿意改？怎么改？能重来吗？你跟她断了吗？我根本不信！"小赵这些话我相信这一个月来已经说过很多次，但每一次说都像第一次。

　　"跟她断干净了。真的，你要相信我。我发誓。"

　　"她？她是谁？你说出×××的名字啊！怎么不敢说？你爱她，你敢说你不爱她吗？你不想让她在电视里看到你说这句话，因为你怕她难过。你这么爱她，你这么爱过我吗？爱过吗？"

　　"不是你想的那样。"

　　"你还是不肯说×××，你就是贱人，我根本不爱你。你说啊，我今天来这里，就是要你说这句话，就是要让她看到，让全世界都看到她是什么样的女人，你说啊！"

　　我实在担心这副瘦弱的身体承受不了这样撕心裂肺的呐喊，我让工作人员给她一瓶水。红色的爆发频率是最高的，如果她觉得自己受到了伤害，那么她一定会让全世界知道她有多痛。

　　稍微冷静后，我问小赵："如果小徐说了，是不是你就原谅他？"

　　小赵自言自语般地说："原谅？他那么舍不得，需要我原谅？"

　　"我不是舍不得，只是有这必要吗？我是男人，错也是我担了。只要你肯放下，我丢脸都无所谓。但她怎么也曾经是你的闺密，她也道歉了，也离开上海了。何必呢？"

　　好吧，另一个红色，只是红得不那么明显罢了。红色认错是天才，但又想方方面面都摆平，却发现能力不够，所以底气不足。

　　"闺密？是我傻，我居然当她是闺密。"

　　故事比较长，大概内容就是，当时小赵和×××是同时认识小徐的，×××非常喜欢优秀的小徐，而小徐却并没接受转而追求了小赵。×××表示其实更珍惜与小赵的友谊，并没有那么喜欢小徐，并很快也找了个门当户对的男友，小赵与×××便从朋友升级为闺密。

　　这些，都是在小赵激动时的表述以及小徐支支吾吾的回答中拼凑还原出来的。"我怎么那么傻，我知道她喜欢你，还留她在身边。"

　　小赵不是傻，红色的她做出这种事，实在令人费解。同样的两个花季女孩，她爱他而他却选自己，这种优越感不是红色能够意识到的暗涌。我赢了不仅仅满足的是自己，还需要有围观者喝彩，当然有loser更好。当有一天发现原来鼓掌的变成偷食者，便捶胸顿足大呼自己太善良，被密友所害，殊不知红色在遇到问题时，全然不会想到因果关系——其实自己也有参与。她也没空想，因为她忙着表达自己的情绪，责任全是别人的，哭得会更畅快些。

　　这么说似乎很残忍，但这只是抛开道德层面单指性格而已。因为我也是红色，我知道红色的问题。我同时也同情小赵，对于一个红色而言，两张那么熟悉的脸做着那么亲密的事，是不可能停止想象和自我折磨的。

　　"儿子呢？最好他没看到听到这些。"我问道。

　　红色在爆发时处于一种不自觉的表演状态，是不太会回避小孩的，而孩子的存在更会激发红色的情绪。所以，孩子是我最担心的问题。

　　"送回父母家了，他还小，可我老婆忍不住会在孩子面前发作，我不希望他受到影响。"小徐答道。

　　"你在儿子面前要脸，你配做父亲吗？我就是要让他知道你是怎样的龌龊。"小赵依然愤怒着。

"你经历的这些，我们任何女人都不愿意经历。所以，那种痛我深深地理解。可是，你儿子才6岁。他不该知道这些，你要让他这么小就学会仇恨、了解阴暗、知道背叛吗？你希望他带着这些负能量成长吗？你觉得他会没有后遗症吗？这对他来说不公平，这是你们的事，与他无关。"我想此刻这些话由我们来说不太会引起小赵的对立情绪。

"海燕，你别说她，说我吧。我知道这一个月来她不好受。"看吧，红色真的是道歉天才，不用彩排，自然而然地表露出自己对老婆的保护与深深的自责。

紧接着，小徐立刻再表态："你要我怎么样都行，但我不会离婚。我不能失去孩子，更不能失去你。你说吧，要我怎么样？"红色很容易进入状态。

"你跪下！"

"好。"小徐跪下。

"你说你不爱×××。"

小徐咬了下牙，依样说了一遍，并在后面加了一句："我最爱的永远是你，我永远不要跟你离婚。"

小赵此时放声大哭，小徐走过去坐在妻子旁边，用手搂过妻子，被甩开，再搂，再甩，好多次……终于，没有再被甩开。

此时的哭声，像走丢的孩子找到了妈妈……

红色与红色一旦争执，会是最热闹的，各种情绪的转变，各种肢体语言，各种豪言壮语。但是，他们若要和好，可能就是某个瞬间。这个瞬间，其他颜色的性格可能很难理解，或许就是一个眼神、一个拥抱那么简单，他们若要和好，谁也拦不住。但是，或许明天这一全套又要再上演一遍，红色，是最不懂翻篇的人。

这两个案例都与红色有关，实在应了开头的一句：来我们节目的，红色最多。仅愿此篇，让你了解红色。若你也很红，但愿能提个醒，不要一不小心，就变成家庭大战的主角。

性格色彩学对于我们这样的民生调解类节目，虽然不是万能钥匙，却是找到有效沟通的好工具。有效沟通是有效解决问题的基础。节目如是，家庭如是，你我亦如是。

酒店管理

读懂员工内心，让酒店门庭若市

文 / 石晓娟

性格色彩认证演讲师、西安华清爱琴海国际温泉酒店总经理

Masterkey是酒店英语的专业术语，翻译成中文是"万能钥匙"，顾名思义，就是可以开启任何房间的钥匙。如果将管理问题比作酒店客房，那么性格色彩便是解决这些问题的masterkey。

管理企业三十余年，我认为自己在管理方面做得还远远不够，如果非要说有所建树，那么我唯一的成功便是收获了员工的幸福与成长。而谈到酒店管理，我个人理解，要管理好一个酒店，管理者必须了解员工的性格，而员工要做好服务工作，首先必须快速洞察客人的性格。接触性格色彩后，我收获了如何从起心动念的不同心理，来预测员工的行为举止，从而有前瞻性地实施管理。在此可以举一个例子，与大家分享。

我的一个助理，是典型的黄色。有一次，我发给她一个文件，让她按照要求整理出来给我。黄色接到工作后，表示已透彻领会了要求，并保证快速完成任务！事实上，她在规定天数不到三分之一的时间，便将她做好的工作发回给我。在速度上，我很满意，但是打开文件一看，内容却是面目全非，且与要求完全背道而驰。于是打电话问她，她说她知道啊，但现在这样改动以后，比按要求做好多了，不是吗？且不说这个文件根本不允许随意改变规则，就自作主张的行为也是犯了职场的忌讳。自此之后，我给她提出了一个要求，做任何决定、任何事情，都要关注他人的想法，征询他人的意见，并虚心采纳好的建议。

作为企业文化的一个重要部分，新员工入职时，我都会组织他们进行性格色彩的培训，我会根据不同岗位，进行针对性分析讲解。许多员工在内部季刊中发表文章，表示性格色彩带给了他们很大的改变。有员工说，曾经遇到吹毛求疵的客人，总是很头大，紧张不安怕出错，学了性格色彩后，懂得观察客人的行为，从而判断她/他的性格。比如有些人是真的挑剔，非常关注细节，大概是蓝色，那么在服务中自己就会特别注意细节，同时也不再埋怨是客人刁难，而是试着理解。还有些员工说，以前特别害怕节日产品销售，因为无论自己怎么用力推销，成交率都特别低，自信心很受打击，学习了性格色彩之后，不再一个模板套出来的推销词，懂得坚持到底与适时放弃的推销艺术。比如说话豪爽热情，特别容易搭上话的，基本就是红色，于是可以考虑一通天花乱坠地赞美，直到她/他心情愉悦无比，这时趁热打铁推销产品，成交率确实不低。倘若交谈时发现客人不断拿别人家的产品打击你，这时不要心灰意冷，她/他或许是在考验你，你只要坚信你的产品真的不错，买不买不要强求，你越冷静越无所谓，越有可能成交，这类人就是黄色。

在培训新员工时，我会告诉员工，课堂上我不再是他们的领导，而是传道解惑的培训师，并时刻准备着为每个人排忧解难。在学习的氛围下，以平等的身份交谈，员工们更愿意与你分享他们的困惑与纠结，这也成为我倾听基层声音、点对点培养人才的高效平台。管理非约束、非处罚，而是赋予每个人幸福的力量，这种力量让他们更美好地生活、更认真地工作。

一、不要惊扰别人的幸福

作为洗衣房唯一的男员工，他清瘦单薄、少言寡语、形单影只，他默默在酒店工作了6年，不曾给我留下任何记忆，直到看见总经理意见箱里的那封感谢信。那封信笔锋遒劲有力，若字真如其人，那你完全不会联想到是他。信的第一句话是这样的："石总，您就是我的救命恩人！"这句话引起了我的强烈好奇心，思绪快速回拨，却怎么也想不起来是几时的见义勇为。带着疑惑我一口气读完了这封信的内容。

他出身偏远山区，父母为了让他走出大山，将他卖给别人当上门女婿，妻子是一个智障人士。他说他很绝望，他说他觉得自己的命运很惨，他说他看不到人生的希望，没有了生存下去的勇气。直到参加了我的性格色彩培训。他知道自己是绿＋红，他说，我告诉大家绿色是和平的使者，红色是快乐的传播者，人首先要学会了解自己，释放个性，学会权衡。他还说，他坐在培训教室最不起眼的角落，但我每次都能看到他，而我看了他的测试卷后，说他是一个渴望快乐却快乐不起来的人。

听完我的培训之后，他打开了被尘封多年的记忆，甚至忍不住想起自己的父亲。他觉得父亲一定是黄色，因为父亲好强专断，且不甘屈服于命运，他这一代无法走出大山，便将希望寄托在自己的儿子身上。而母亲肯定是绿色，她十几年如一日地操持着被贫穷压榨得毫无希望的家。当父亲做出这个决定时，母亲虽然心如刀割，却无力改变。

这些年来，他一直不能回家，也不想回家，因为他是那么痛恨自己的父母！更是觉得自己是被世界遗弃的孩子。听了性格色彩的培训后，他虽然依旧紧紧封锁自己的内心，但我讲的内容已让他的心泪流成河。

他知道命运有时不由自己，也不再时刻提醒自己忘记过去，不再无休无止地怨恨最亲的人。他开始释怀，他问自己，带给我这么多年怨恨的父亲，他这样做，他又为了自己什么，他只是想让儿子过得比他好，哪怕此生无人养老送终……之后，他开始学着真正接纳自己的人生，不再认为是别人剥夺了他的快乐，也开始主动创造快乐，学着用心照顾妻子，给她梳头洗脸，给她买好吃的。这之后，他还会常常回老家看望父母，给他们讲外面的世界，有时接他们过来，觉得一家人在一起比什么都好。这一切的改变都是因为性格色彩。

看完这封信，我的心情久久不能平静，是意外更是欣喜，这比任何一次经营业绩的提高都要让我感到兴奋！而我讲那样一席话的时候，丝毫不清楚他的情况，如果我知道，是否会忍不住指引他走一条什么路，但显然一定不会比现在他的状态更加好。性格色彩的学习是洞察自我，更是释放一种愿意改变自己，让原本的生活更完善、更美好的能量，帮助他人经营幸福，而不要惊扰别人的幸福。

二、坦然面对不完美的自己就是一种幸福

培训结束后，他怯生生地跑过来找我说："石总，我很想单独和您聊聊，可以吗？"他是温泉部新入职的一名新员工。于是安排秘书约他到我的办公室，我很好奇年纪轻轻的小伙子，有什么想不明白的烦心事。

他进门后快速将门掩上。我坐在电脑桌前，看他忐忑不安地走过来坐定。他抬起头，神情焦灼地说："石总，求您帮帮我！我实在快坚持不下去了！我的父母总是责备我不争气，做啥啥不行，简直是一无是处！从小到大没一件事让他们满意。每次家里来人时，他们说得更凶，完全不顾我的感受，我觉得很痛苦，我真的这么没出息吗？有一次，我与父母大吵一架后，冲动之下割腕自杀，被抢救过来后，妈妈的态度没有丝毫改观，甚至更加恶劣，说我就是个没

出息的坏子！今天参加了您的性格色彩培训，我觉得自己就是红＋黄的性格，却已经被压抑成了蓝色，我内心无时无刻不在渴望快乐，现实却总是提醒我这么失败，根本不配拥有快乐……"

我说，能给我讲讲你的父母吗？他告诉我他的家庭没有给他一丝温暖。爸爸和妈妈结婚前，曾经有过一段婚姻，而且还有一个儿子。爸爸在家比较沉默寡言，不苟言笑，总是闷闷的！妈妈是典型的黄色，争强好胜，总是喜欢拿他与爸爸的另一个儿子比，可是自己好像总是不争气。妈妈总是埋怨爸爸没本事，赚不来钱，不如她认识的谁谁谁。每次这个时候，爸爸都默不作声，我觉得他一定很受伤！我和爸爸之间总是隔着一层纱，我们像同一阶层的受难者，早已自身难保，何谈帮助彼此。

听完他的故事，我发现这是一个有着一颗玻璃心的孩子，内心因为缺少关爱，长期自卑抑郁。我起身给他倒了杯水，等他情绪平复。"你喜欢这样的自己吗？"我问他。他沉默了片刻，突然放大声说："我没有办法，我什么也做不了……"我说其实你根本不愿接受自己，你因为母亲的影响，已经接受不完美就是失败者的论断。你因为还有黄色，所以你不愿服输，但又不能面对不完美的自己。你去努力争取，却依然无法得到他们的满意，于是你认为自己注定是一个失败者。

我还告诉他要无畏他人的评价，完善经营自己的内心，这样才能获得生活的喜悦，拥有不一样的人生。我不知道我的话是否能够给他的生活带来一丝改变。谈话结束的那个晚上，他发短信给我，说他会加油的。

此后很久未曾联络，一次酒店员工大会上看到他，发现他比以前开朗了很多，讲述自己工作中用心服务赢得客人赞扬的事情，讲述生活中有趣的点滴片段，谈吐中流露着喜悦与满足，不时赢得全场雷鸣般的掌声，我听得很欣慰很开心。就在演讲快要结束时，他突然从台上冲下来，紧紧地抱住我，已是满脸泪水，他哽咽着说："我想叫您一声石妈妈，可以吗？您胜似我的父母！感谢您！"

我们每个人都不完美，但没有人能剥夺我们努力奋斗的权利，我们只有坦然接受自己的不足，不断突破自我，才能遇到那个最好的自己。而自暴自弃，逃避颓废，只会让自己痛苦沉沦。

三、拥有生命就是幸福

一日，餐饮部经理打来电话，说自己焦头烂额，要请教我的意见。事情描述如下：有位老员工工作能力很强，最近情绪异常，常常一个人偷偷哭泣，给客人服务时状态百出、信口雌黄、乱报菜名，让人哭笑不得；眼睁睁看酒倒满溢出杯，洒客人一身；收拾餐桌时毛手毛脚、神情恍惚，弄得盘子碟子碎一地……刚刚有人看到她拿着厨房的切肉刀，正准备往胳膊上划，同事立即冲过去将其控制住，才避免了一场人间悲剧。

我追问，有没有了解她家里最近的情况？那位经理无比感慨地说一言难尽啊……她老公太过分了，在外面有小三，回家还理直气壮地找老婆要钱，不给钱就打人。最近，外面的那个女人据说因为她找上门，便卧轨自杀了。于是，她的丈夫便认定是她害死的，坚决要和她离婚……

餐饮部经理提到的这位员工我有印象，常常在一些重要接待用餐时看到她，她是典型的红色，热情爽朗、活泼大方，红色的缺点是重感情，容易冲动。我对餐饮部经理说，她情况很危险，我需要亲自和她本人聊聊，你尽快安排。

我们约在西餐厅见面，她如行尸走肉般坐在我的对面，半晌不说一句话。我知道她有一个3岁多的孩子，她很爱他，那是她的精神寄托。于是我开始询问孩子的近况，她慢慢敞开了心扉，眼神中透露着无限的疼爱。她说她老公认为那个女人是她逼死的，可是她自己才是真正的受害者啊。并且他总是一意孤行，从来都认为自己的判断才是最正确的！她说她和老公没法沟通，但又不愿意离婚，因为还有孩子……

毕竟还有孩子啊……好奇心驱使我追问了许多她老公平日的行为，于是坚定他确实是个大黄色，自负自大、自我中心。而红色的她，显然气场没有那么强大。我告诉她：首先控制自己的情绪，轻生绝对是最愚蠢的做法，只会让黄色的老公瞧不起你。从现在开始，你必须活得比以前更加漂亮、更加精彩，让他刮目相看。而现在不要急着发表自己的看法，如果真的不想离婚，现在需要求助他人来调解，而这些人需要是你老公认可的，要知道黄色人若认准了一个人，他的意见是绝对有说服效力的。另外，这段时间你一定要保持冷处理，装作不闻不问，只专注于完善自己。过一段时间，她老公就会怀疑自己的决定，一定会回归家庭！

她半信半疑地看着我，然后长叹一口气说："为了孩子，为了一个完整的家，我别无选择，我会按您说的去做。"

那天之后，她像人间蒸发似的，再也没有出现。直到有天我在外地出差，突然接到她的电话。她说，她现在过得很好。原来那次谈话之后，她冷静地想了很多，决定暂时离开这座城市，经历了这么多事情，自己的心真的很累了。她说按照我说的，她让自己变得更美，现在比以前更加快乐！她说老公现在迷途知返了，说他非常后悔提出离婚，希望能够重新开始。

性格色彩是个神奇的学说，学习了性格色彩，我希望我的员工们能够坦然地接受自己的优点与不足，这是一个人得以幸福生活的根基，我需要帮助他们坚实地打好这个根基。我希望我的员工们面对客人的刁难或投诉，能够怀有一颗善解人意的心解决处理，就像教导他们接纳自己的不足一样。做服务时，能够将自己的快乐传播给每位客人，要相信自己蕴含着巨大的正能量。最后，我希望我的员工们能够明白，学习性格色彩先要学会洞见洞察、修炼自己，然后才是影响别人，最后才是趋于不完美中的完美。

文学创作

塑造人物必须从学习性格开始

文 / 怀旧船长

色友、作家，代表作：《相夫》《战争教父李靖》

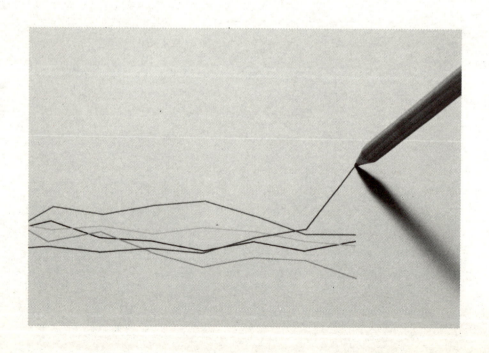

　　一位出版人说过：写小说的如果不会讲故事，直接拉出去枪毙！但刻画人物欠缺，可以劳动改造。

　　这当然是玩笑话，但说明一个问题：小说家天生就会讲故事。不过，只能讲好故事还不够，如果人物个性不够立体，就难以给读者留下深刻的印象。

　　在泛写作时代，任何人都可以码字，可以描绘心中的所思所想。以小说为例，通常认为是以刻画人物为中心。刻画人物，形象、动作、语言，无不围绕一个中心——人物性格而进行。而情节、环境、语言、行动等，其实都在为人物个性服务。不然，纵使有奇巧的情节拉动，人物仍然容易扁平。这是写作者都要碰到的问题，也是最头疼的问题。

　　我从十几岁开始写作，至今虽写了400多万字，但没有一部满意的作品。扪心自问，并非故事讲得差，主要是人物刻画的功力不够。按说，人届不惑，冷暖殊遇，磨难甚多，观人察事亦有些许心得，不至于像初写时信马由缰、任凭人物游离。但事实是，倘若没有掌握一定的洞察人性的法则，笔下的人物仍然可能模糊不清。

　　2011年，在北京朝阳区偶遇乐嘉。一经交谈，对他的性格色彩很敬佩。性格色彩不研究写作，但却能简明地分析人的性格，这恰恰是写作者需要的。我多年混迹于网络，的确也为很多天才写者的神思妙笔所惊服，然而也深为他们无法将人物真正树立起来而倍感遗憾。就算是那些功成名就的大家，如香港的黄易，其名作《大唐双龙传》中的主要人物因个性挖掘不足而略显生硬。在这一点上，金庸的小说则将人物刻画得非常成功，譬如名满天下的郭靖基色为绿，从小逆来顺受，唯唯诺诺，一直持续到因屡屡奇遇而成为蓝色清高孤傲的代表——黄药师的乘龙快婿。但是，如果认定郭靖就是纯绿，亦矢之偏颇。在

《射雕英雄传》后传《神雕侠侣》中，中年郭靖在红＋黄的黄蓉的影响和时代的逼迫下，成长为民间重要的抗蒙领袖人物，把坚实的身躯与古城襄阳的砖石融为一体，成为一个有担当的男子汉，具备了黄色的坚定自信和蓝色的成熟稳重。这是人物的改变和升华，也因而有了"侠之大者、为国为民"这一超越其他武侠的思想高度。

因此，人性的基色虽浸入灵魂，但环境的影响和后天的自觉改变亦能使人物蜕变。诚然，很多成功的作家并不都知道性格色彩，但如同高空气层更易对流一样，是完全相通的。我作为一个写者，在那次与乐嘉见面后认识到学习性格色彩对写作有帮助，于是读了他的相关著作，同时结合阅读中外书籍比对理解。譬如，重读《魔戒》和《资治通鉴》对我很有启发。

托尔金教授写《魔戒》三部曲之前，《霍比特人》中的人物个性把握已见火候，但尚未到炉火纯青的地步。霍比特人佛罗多原本过着与世无争的生活，性格里有怯懦，也有拒绝改变的因子，更没有什么主见，可以视为绿色。但是，当具有无法抗拒的诱惑力和无与伦比的统治力的魔戒交在他手上后，他的命运发生了改变：须由他护送这枚魔戒经历九死一生抵达魔山用熔浆销毁，世界才能得到拯救，开始人类的新纪元。这一特殊使命让他必须改变自己：魔戒一直困扰着他的心性，让他经历了心灵的炼狱，数次想放弃，数度被诱惑，数度迷失自我，特别是在人类与魔兽交战即将毁灭的时刻，他居然认为自己经历千辛万苦护送的魔戒应该据为己有，但最终他战胜了心中的魔，完成了神圣使命，带着永久的伤痛与精灵乘舟前往西方世界治疗。

作为国际著名的魔幻大师，托尔金笔下的佛罗多虽与金庸笔下的郭靖有共通之处，但差异仍然是明显的。托尔金在佛罗多完成使命"授予"他英雄荣誉之后，留给读者的仍然是一个绿色的身影：忧郁的眼神、无助的表情。这个苦痛遍布神经的落寞青年在与好友同伴依依惜别码头时，是对未来的惆怅和迷茫。从这个结局来说，托尔金还原了人物的底色——当繁华落尽，任何英雄仍然只能面对充满恐惧的未知和无穷无尽的孤独。这是国际小说大师的高度，写透了人生的常态。

当然，这是讲名家之作。而对司马光主编的《资治通鉴》，我更加体会到了在既有文化继承又有传统枷锁的中国，人性的光明与阴暗纷纷交集。《资治通鉴》表面上是写时政、大事，实则写人性、变迁。成千上万个人物，在历史的舞台上演绎出一幕幕大戏，但仍然未能脱离性格色彩四大色系的范畴。通常来说，有作为、有开拓的帝王多为黄色，如秦皇汉武、唐宗宋祖；郁郁而终、沦为傀儡的帝王则多为绿色，如汉献帝刘协、唐高宗李治。将相中红、蓝偏多，变法成功、至死不渝的商鞅主调是蓝，想提前实现共产主义社会的西汉王莽主色为红，而以文入仕的唐宋诗人如李白、杜甫、韩愈、柳宗元等均为红色，过于理想浪漫终不得志。

帝王中有一人较为复杂，即唐明皇李隆基。在风云变幻的时代推动下，他早年锐意进取，力图大治，将大唐王朝推向历史巅峰，但后期怠政图乐，竟然成为梨园的创始人，常常参与到吹拉弹唱的娱乐活动中，结果安史之乱导致历史倒退。从性格色彩来看，唐玄宗并非追求风云图霸的典型黄色，而是追求浪漫、不顾后果的大红，早年的力挽狂澜实因形势的推动和贤良将相的辅佐，加之红色具有创造的天赋，故而成为"假黄"；一旦江山稳固，万国来朝，好大喜功的"真红"本性就暴露了出来。在马嵬坡，这个红色情种居然不为江山弄丢扼腕，反而为杨玉环被逼死痛哭流涕，彰显了人性中最真的本色！

应该说，《资治通鉴》虽然是一部编年体史书，但在表现人物个性上非常精准。或许正因如此，它才成为继《史记》之后最具文学价值的巨著。

通过学习性格色彩并结合这些书籍，我尝试在创作上运用性格色彩指导塑造人物。2011年底，我开始创作上百万字的历史人物传记《军神》（已出版的名叫《战争教父李靖》），主要依据《资治通鉴》的史实描写大唐第一战神李靖的生平。作为中国历史上开拓疆土最大（约700万平方公里）的军事家，李靖的一生可谓波澜壮阔，不仅平定四国，还出将入相，善终府第，可谓集中华传统文化之大成者。然而，如何把握这一人物的个性，却成了难题。

一难，即史家对李靖的评定已有盖论，多数认为此公系中庸之代表，居功不自恃，拥兵不自重，与千古一帝李世民相处多唯唯诺诺，似可判定为绿色；

二难，综合史料显示，李靖严于律己（忠于爱情，有红拂女之后无偏室，且身先士卒，治军先治己），思想深邃（不然也无法跻身史上七大军事家之列），讲究精确（一生无败绩，特别是亲引三千骁骑一战而定突厥都城定襄），执着有恒（自有平定南北之志，虽经万难始终坚持直到功成），这些特征似可判定为蓝色；

三难，此公一生作战颇具诗意，激情满怀，特别是创造性地推进了古代军事理论并在实战中应用，还能以极大的热情动员与敌难以相匹配的部队获胜，且从不与政敌记仇结怨，其传世诗作《剑舞歌》更具浪漫色彩，这又具有红色的特征。

然而我在结合性格色彩理论后最终认识到，李靖的主色是黄色。具体而言，李靖是黄＋蓝，黄多蓝少。至于红、绿，均为假色，系后天修炼补充之迷惑之色。

为何这样说？是因为李靖若无黄色的巨大事业心推动，断难成为千古军神，更难为中国后世奠定基本版图。

李靖和李世民在这一点上是一致的——削平群雄，翦灭突厥，复兴华夏。这一目标导向无论面临千难万险，都坚持不变。而且，李靖从只有几百名手下起家，到最后成为大唐帝国的军事统帅，没有强大的内心和有效的控制手段是绝对不行的。在李靖手下的将领中，李勣（徐茂公）、侯君集、秦琼、程知节（程咬金）、尉迟恭等无一不是叱咤风云的名将，无黄色个性断难统驭这些声名显赫的老军头。特别是李靖在表面上是一个仁慈长者，对下属也挺关怀，还善于与老板李世民相处，但他下起杀手来却毫不留情，对恶虎般的突厥人更是如此。在茫茫草原上实施围猎，甚至连李世民下诏让他停止进军的君命都不听，硬是将突厥颉利可汗的余部赶尽杀绝，最终活捉颉利方才罢手。

俗话说慈不掌兵，因为战场上不是你死就是我亡，哪容得下红色的虎头蛇尾和绿色的妇人之仁？

有了这些理解，我在把握李靖的性格时以黄色作为基调，写了他的隐忍蛰伏，写了他的委曲求全，但也写了他认准李世民能成为天下雄主的政治眼光（政治眼光如同投资高手的判断，是黄色显著的特点）。李渊几度要杀他，不给他官职，他都没有像孙悟空的红色一样闹情绪、撂挑子，而是默默无闻地积蓄力量；顶头上司、李渊的侄子李孝恭当他的领导时，几乎等于外行指挥内行，处处掣肘，时时提防，他也没有怨言，而是努力把李孝恭推向更高的位置，好为自己腾出空间。当太子李建成派人到他的部队卧底时，李靖不露声色，利用攻打丹阳（南京）的机会让卧底去送死，借敌之刀除去隐患。当李孝恭对他忌恨交加改投太子门下整他时，他秘密联系李世民趁机自立门户成为独立开府的大将军。当平定东突厥汗国后，手下将领都欢欣鼓舞以为得到升迁之时，他却力劝副帅李勣赶紧上书隐退避祸，自己作为主帅则故意以"纵兵掠宝"的错误上书请求解职，等候李世民的惩罚。这些奇招，就算红、蓝、绿三色性格的人能够想出来，也断难不露痕迹地实施。最终，李世民对他稍加责罚后，不得不因他的威望和功绩升任他为尚书右仆射，李靖以退为进，出将入相，成为大唐王朝的中央政治局常委，封爵卫国公，位极人臣。

也许有人会说，这些都是李靖在中年后经过人生历练逐渐形成的。但请看

《旧唐书·李靖传》开篇的话："每谓所亲曰：大丈夫若遇主逢时，必当立功立事，以取富贵。"这是李靖少年时的志向，这样的心志唯黄色所独有。

因此，我在创作过程中始终将黄色作为李靖的基本色调。黄色不像红色易向别人展示伤口求得同情，更不会像绿色安于现状不思进取。当然，李靖身上也没有显露出黄色易犯的欲望显露、自我膨胀、挟私报复的诸多错误，因而李靖是"隐黄"，即用绿、红二色充当了保护色，而稍稍露出些规矩、严厉的蓝色。这是因为，他的身旁是写过《帝范》的千古雄主李世民，黄遇大黄特别是"帝王黄"，只能屈就。因为这李二老板连兄弟、父亲、儿子都敢收拾，李靖要是不用"变色龙"的皮肤保护自己，只有死路一条，而且功劳越高死得越快。

所以，将李靖定格为"藏锋"型的黄色和具有规划、律己行为的"辅蓝"之后，写起来比以往任何一部书稿都要快得多，情节的推动因性格的指引而虬枝盘曲，情感、练兵、行军、调度、拼杀到后来的政治博弈，都顺理成章了。

写完李靖之后，我又依据《史记》和《资治通鉴》，写了一部研究中国历代智谋家的新书——《中国是部智谋史》。这部书稿里的数十位历代最成功的帝王高参，虽均以智谋见长，但性情各异，把握起来亦十分困难，容易弄成千人一面。有了写李靖的体会，我便以性格色彩为指导，首先在参考各类史料时注意鉴别其人的个性。譬如，帮助刘邦获得成功的两大谋士——一个是"汉初三杰"之首的张良，行的是正道，讲

的是大局，用的是阳谋，堂堂正正见得光；一个是以奇谋诡计帮刘邦除掉对手的陈平，人品低劣（睡过自己的嫂嫂，贪污过公款），惯使阴招。应该说，张良的底色是蓝，此人注重规则，忠诚情谊，对刘邦的知遇非常感恩，明知当时的韩王没有指望仍然在平定秦王朝后回到"故国"，最后虽助刘邦功成，但渴望安全的他舍弃相位回归山林专修黄老之术，善终。而陈平则是"有奶就是娘"型，先是服侍魏王咎，见魏王成不了气候就去投当时最成气候的项羽，后来怕犯事被霸王整死又改投刘邦。刘邦是大黄色，跟他一路人，所以他睡嫂、易主、贪污这些事在刘邦看来完全是小儿科，还让萧何设法弄巨额黄金让他组织、训习奸细到项羽营中收买人心、制造谣言，结果项家军分崩离析，在智谋上胜过张良、陈平的范增被活活气死，一举扭转了项强刘弱的局面。特别是后来刘邦定天下后，陈平用阴谋整死韩信，又帮刘邦白登脱险和助吕后干政掌权，吕后死后他把刘邦的把兄弟周勃当枪使灭了吕氏一党，自己则顺风顺水连干几届首相。这样的人，虽然有千古骂名，但历代效仿者多如过江之鲫——管他啥招儿，管用就是好招；管他啥过程，达到目的就算胜利。

发展和应用陈平招数的是宋初的宰相赵普。此公看准赵匡胤是个能整事的主儿，就投到他的军中，衣不解带地为赵匡胤的父亲端茶递药，让赵老爷子感动得眼泪哗哗，干脆把他认为同宗。赵老爷子死后，赵匡胤的母亲杜氏夫人更是把他当成干儿子，常常对儿子们说，你们要听大哥的话。赵普后来就策划了"陈桥兵变"、"杯酒释兵权"等改变历史的大事，当上宰相。特别为赵光义解决了"斧声烛影"疑案的尴尬，声称赵光义（赵炅）"兄终弟及"是杜太后当年指定他写的遗诏，完全合法，这样他又当上了宰相。比起陈平，赵普有过之而无不及，而且乐于在权力的钢丝上行走。这样的人，只能是黄色。

有了性格色彩指导人物的创作，我在写这部跨越几千年的书稿时亦是十分顺手。因为，在这些权谋家中，完全可以屏蔽红、绿两色。这两个色系的人成不了智谋家，原因很简单：他们难以在权力角逐的惊涛骇浪中存活。这样，我的作品中就因性格色彩而削除了枝蔓，使人物的个性不再纠结模糊，而与其言行高度统一。

此外，在最近创作的长篇小说《婚姻治疗师》中，我亦以性格色彩为统领，在设置人物时事先敲定人物基色，再设置相应的情节使其逐步丰满。在小说的创作中，人物当然会有变化，而且人物变化和升华是小说情节进展的主要推力。但是，如同乐嘉在清华演讲时所说，知道性格色彩的优劣后才可以后天修炼，以期取长补短，达至平衡。那么，所有小说的归宿其实就是让人物的先天底色和后天修炼色达至平衡状态。佛罗多是，郭靖是，李靖也是。不过，主要人物在达至人生的顶峰时往往给人一种错觉，就如同枝叶葳蕤的大树让人不得不仰望，容易给读者造成迷障。若想发现真相，还得从根系探究，从种子说起，从土壤和环境分析，如电影教材《公民凯恩》，归结在"玫瑰花蕾"上。这个凯恩死前留下的谜团，最后终于在燃烧的雪橇上揭开——上面写着这几个字，那是凯恩童年最钟爱的玩具，也是单纯美好的象征，可是作为呼风唤雨的传媒大亨，再也回不到那种纯洁的状态，而他所拥有的让世人艳羡的光环在他告别人世时觉得不过如此。这是艺术家对人物底色的深刻解构，甚至是对人类心灵的共同解构。只有这样做，人物才能立体，才能代入我们的情感，让读者和观众觉得这样的人物就像我们身边的亲友同事一样真实可信，而非天外来物般不知所云。

因此，乐嘉的性格色彩为广大创作者提供了刻画人物最直接的方法。性格色彩是纲，能够帮助写作的人更准确、更快捷地进入人物的内心，写出斑斓绚丽的各种故事。

心理咨询

面对不同性格的心理疏导法

文 / 张萌

中国性格色彩研究中心研究员

　　首先提一个问题，如果有一只小猫每天都会到河边钓鱼，却屡屡失败。因此已经连续很多天饿肚子了。它在向你寻求帮助，你会怎么帮助这只小猫呢？也许你已经明白"授人以鱼，不如授人以渔"的道理，所以你会更倾向于"授渔"。但你又会如何来"授渔"呢？其实这里只是一个简单的比喻，"小猫"所代表的可能是你的家人、朋友、同事等周围的人，当他们遇到困难和困惑向我们求助的时候，我们会力所能及地给他们提供一些帮助。但事实上，很多时候，你会发现你提供的帮助有些管用，有些却毫无作用。其实这个困惑不仅仅存在于你的身上，在专业的心理咨询师身上也会存在。这是因为我们对于性格不了解，忽视了不同性格的人在面对问题时的不同。如果你想给家人朋友更多的支持和帮助，又或者是想更大化提升效果的心理咨询师，我们一起来看看不同性格求助时的内心需求。

心理咨询与性格色彩的关系

　　因为工作环境的缘故，我接触过数以百计的专业心理咨询师。

　　这些咨询师，都是经过良好的心理知识学习和长时间的心理咨询实践的。他们都很认同不同性格的来访者在咨询的时候会有不同，但具体怎么不同，似乎又没有具体的印象了。甚至有的咨询师会以"聚焦当下"来解释自己的出发点。

　　所谓"聚焦当下"，就是无论你的先天和后天是如何的，此时此刻的你是什么样子的，问题是如何呈现的，就把这一刻当作咨询的起点。

我不能说这样的思路有多大的问题，但是总感觉这样是在无法分清来访者性格特点时，采取的一种刻意回避的处理办法。

在心理学的发展历史上，关于人的发展中遗传和环境是谁起决定作用有过争论。在后期大量实验的数据支持下，人们已经可以接受先天因素和后天的因素在人的身上都会有所体现。

关于先天的性格和后天的个性，对人心理问题的形成是缺乏一定解释的。这也就造成了目前的心理咨询对于人产生心理问题后，如何从性格和个性的角度来解决，缺乏一定的方法。

性格色彩脱胎于希波克拉底的学说，将人分为四种类型，并通过大量的案例和研究，对存在于不同性格类型中的一些共性特征，做出了更为详细的说明和解释。这也为性格色彩能够顺利地导入心理咨询奠定了基础。

心理咨询，因人而异

心理咨询在当今中国还算是一件稀罕的物件。大家普遍对心理咨询的接纳度不高。造成这种现象的原因是多方面的，有经济文化上的原因，也有认识误区上的。大家对于仅仅通过谈话的方式就能获得心理上的帮助，是缺乏购买热情的。跟你聊天可以，收费则不行。还有的人则认为，去找心理咨询师的人都是心理有毛病的，自己尽量敬而远之，有多远躲多远。这些观念都是当今心理咨询发展举步维艰的缩影，需要一个更加宽容的环境和相对长的时间来改变。即便如此，仍然有很多具有开放意识和较强经济基础的人，愿意在发现心理问题后主动寻求心理咨询师的帮助，甚至愿意如同爱惜身体一般关注自己的心理健康问题，定期做心理体检。

心理咨询行业的低迷与老百姓心理健康的重视程度之间的巨大差距，加剧了人们对高水平、高契合的咨询师的需求。咨询师若能更多地了解来访者的性格特点，不仅仅可以有助于咨询的顺利进行，也能为来访者提供更多的帮助。

如果你对性格色彩有一些了解，你就会知道。虽然看似相同的求助，不同性格的人在内心深处对咨询师以及咨询过程的要求是不一样的。

红色：需要肯定和动力

不是所有的红色都如祥林嫂一般，会絮絮叨叨地向咨询师倾诉的。有的大红色来访者因为太过于痛苦，反而话不会太多，他们往往不愿意再去回忆那些让他们觉得痛苦的事情。红色来访者因为在现实的磨砺中，迷失了自己的方向，在讲述过去所经历的事情时，往往会带着一丝的不确定性。他们不知道自己所做的事情到底意义如何，因此会失去继续前进的动力。

因此，对于红色的来访者，咨询师特别需要注意对来访者的肯定。这种肯定不是去肯定他行为的对与错，而是去肯定他的积极思考，不断探索的勇气，要肯定他将一切讲述出来是有价值和意义的。咨询师的肯定对于红色的来访者尤其重要，当他们觉得被理解和被接纳后，就能够从过往的哪些所谓的痛苦经历中寻求正面的意义，从而产生向上的动力。

有一个红色的女孩儿来找我咨询，咨询的问题是她觉得自己无法与同寝室的同学很好地相处。

在咨询的过程中，女孩儿告诉我，她生活在一个非常严厉的环境里，父母对她的行为总是批评和否定。每当她有一点点自己的想法的时候，总会被扼杀在摇篮之中。最后的结果就是，她会按照父母的意愿一步一步生活。

红色女孩的天性中，乐观、开朗、阳光的一面，在父母的教养过程中给磨灭了。连同一起被磨灭的，还有她的自信和对选择的判断能力。在习惯了等着父母给判断的过程中，女孩自己会将自己的判断与父母的判断做比较，最终否定掉自己的判断。

而在这个案例中，咨询过程中，我在听她陈述由小到大的经历时，在每个事件上，每个她具体的观念上，都给予肯定。给她一个可以客观评价经历的环境，让她自己从中找到自己的力量。

蓝色：需要耐心和倾听

很多人以为最喜欢倾诉的是红色，所以红色需要你倾听。实质上，如果你有接触到蓝色的来访者，你会发现一个有意思的现象。

如果红色说了十句话，你只听到了第一句和最后一句，然后用自己的理解把第一句和第十句之间的关联给描述出来。红色就觉得你已经在倾听他的话了。而如果是蓝色，你这么做，蓝色会觉得你完全没有听到他讲的话，从而拒绝和你交流下去。

别忘记，蓝色是完美主义者，他们对倾听者同样有高标准的要求。

蓝色的话不像红色那样直接和奔放，他们在描述自己所遇到的问题时，会委婉而内敛。如果你不能从蓝色来访者话语里面的用词、语气、表述方式上听到更多的内容，这个咨询将会是一个非常艰难的过程，甚至有可能导致咨询失败。

当然，因为蓝色并不擅长将自己的困难和苦恼和盘托出，他们会很小心翼翼地只展露问题的一角，然后等待咨询师的回应。又或者他们会在咨询中沉浸在某段回忆或情绪当中。这时，咨询师的耐心就变得极为重要了。不急着问，不急着打破，等！

黄色：需要客观的反映

红色和蓝色的来访者，会比较需要咨询师多陪同他们一起寻找问题的答案。而黄色则完全不需要。黄色生来就是独立的，他们完全可以接受一个人战斗的日子。而当他们出现困惑的时候，第一时间想到的就是如何解决问题。也许在解决问题的过程中，有这样或者那样的代价，他们也在所不惜。而且黄色在出现问题之后，更趋向于去找有经验，或者有资源的人来帮助自己，这与黄色更关注事情是密不可分的。心理咨询师几乎是黄色的帮助列表中的最后一名，但这并不表示黄色不会寻求咨询师的帮助。当黄色把家庭、亲情、人际关系作为自己当下最重要的目标时，咨询师会迅速上升到排行榜的第一位。

黄色的来访者希望咨询师像是一面镜子，映射出他们自己所看不到的局限。哪怕是很小的一点，他都希望你能够反映出来，这样他们才有改变的方向和改善的空间。

绿色：需要方法

很多人会觉得黄色的来访者更需要找方法，绿色是最不愿意找方法的。其实正好相反，黄色本身就是"方法大王"。

当他们发现问题后，基本上不会去寻求他人的方法和建议，直接会按照自己的历史经验找到方法解决。而黄色来找心理咨询师时，基本上就是各种方法都试过了。而红色一旦把内心的冲突化解掉了，心中那团火再次熊熊燃烧的时候，方法问题早就不是问题了。蓝色的心理冲突也是来源于内部世界，他们会很本能地将外部世界的冲突指向自己。所以他们对可以改善状况的方法并不感兴趣。

唯独绿色，当他们面对常人难以想象的困难时，内心也会有情绪起伏，也会有痛苦不安的状态。而面对如何从这样的窘境中走出来，他们却没有任何的方法。所以如果能适当给绿色一些指导，让他找到合适的方法，则会大大减轻绿色的痛苦。

助人自助大不同

对于不同性格的来访者，就好比红、蓝、黄、绿四只小猫去钓鱼，连续很多天都没有钓到鱼，心中都很难受地来找心理咨询师寻求帮助。

对于红色的小猫，咨询师要注意肯定他在连续多天都没有吃到鱼后，仍然很努力地坚持钓鱼，并肯定他在没有吃到鱼时，能够积极寻找其他食物来替代的洒脱。

对于蓝色的小猫，咨询师要留意他讲述钓鱼过程中的每句话，进入到他钓鱼时的思想世界里面去，让他觉得在心灵深处有一个人其实一直在陪伴着他钓鱼。

对于黄色的小猫，咨询师需要将他钓鱼的整个过程重现一遍，最好能够摆出他钓鱼时候的动作和表现。黄色的小猫一看就会明白没有钓到鱼的原因在哪里。

对于绿色的小猫，你要和他一起检查鱼饵是否合适，鱼竿有没有用对，钓鱼的位置是不是没有鱼，等等。

咨询师的主旨不是治病救人，而是助人自助，即帮助他人自己解决自己的问题，而非越俎代庖，这与我们口中常说的"授人以渔"的理念是完全一致的。虽然我在上面多处提到了"咨询师""咨询""来访者"的概念，换成生活中的角色，其原理也是完全一致的。毕竟能够变化的是身份和角色，不变的是性格规律。

留学咨询

把最难搞的顾客变为最大的顾客

文 / 乐萨

性格色彩认证演讲师、澳美咨询徐州办事处总经理

　　我从事出国留学咨询行业14年，帮助好多学生完成了多个国家的学校申请。由于经手的学生太多，所以我并不能记清每个学生的申请经历，但是有一个家长却深深印在我的脑海里。

　　林大哥在他的女儿上小学四年级时，因缘和我相识，我们有过一次偶然的谈话。

　　在那次谈话中，我提到澳洲可以允许初三毕业的学生到那里读高中，而且父母任一方都可以拿到长期的签证去陪读。因为是四年级的孩子，对我来说不是现在就能签约的客户，所以我根本没把他放心上当作重点客户去咨询，只是随口一说这个项目。

　　谁知林大哥把这事完全记在心上，从那时起，他就给他的女儿制订了详细的假期学习英语计划，自己找他认为合适的英语培训机构。他所选择的这个培训机构要求入学者必须年满12岁，而他的女儿当时是10岁。但是他研究过的所有英语培训机构中，他认为这家最适合，他就亲自找这家培训机构的负责人去谈，希望破例收他女儿，终于如愿以偿。他的女儿在这家英语培训机构利用所有的周末和寒暑假学习了4年的英语。他自己又在网上查询了所有我说的这个项目，前期需要准备的工作和需要参加的入学考试。

　　因为只有一个初中毕业生提供非常好的AEAS（Australian Education Assessment System）考试成绩，才可以申请澳洲著名的私立高中。林大哥就落实在中国哪家机构有培训这种考试的，同时培训质量也好。最终他选定了上海的一家，然后亲自去踩点，确定就上这家后，又在培训地点附近找好可以短租一个月的住房。

　　他的女儿初二暑假的时候，他就把女儿送去上海培训。他打电话找到我说："小常，我已经准备好所有为我女儿能申请去澳洲读著名私立高中的准备了，我也选好三所我想申请的学校，你帮我申请吧。"天哪，接到电话时我已经完全震惊，4年了，他默默地、准确地做了这么多准备。

　　14年来，我碰到过各式各样的家长和学生。红色的家长盲目跟风，耳根子软，会在毫无准备的情况下，仓促决定留学。这让我想起另外一个学生家长。

　　那是在一个朋友的婚宴上，我们坐在一桌，因为同桌有个目前在英国留学回国探亲的学生，他在饭桌上说了种种在英国留学的见闻和好处，同时自己当天又弄了一个超级英式的，贝克汉姆发型、白色衬衫、红色领结、格子短裤的造型，极度吸引大家的眼球。坐在我旁边的一位家长和她的儿子，被这个在英国留学的学生深深吸引住了，这个家长第二天就联系我要把儿子送出去留学，而且还要迅速。

　　我在帮她做了一个最快速度可以出国的方案后，我们很快就执行了，开始申请，两个半月左右的时间，她的儿子就顺利登上去英国读高中的飞机。但是，她的儿子在英国读书并不是她想象的那样顺利，语言关一直没过，学校让留级。

　　她的儿子是个非常要面子的孩子，死活不同意留级，最终选择暂时休学回国学语言，考到合格的英语成绩后，再次出国学习。

　　蓝色的家长会制订出严谨而长期的计划，不急不慢有条理地执行，不放过中间任何一个细节。当他觉得他的准备已经做好了，就开始向着他的目标前

进，基本上都能如愿以偿，申请到他们最满意的那所学校。

　　黄色家长找你咨询时，角色感觉是互换的，她会告诉你她要申请什么学校，不管她的孩子是否合适，她也许表面上会听取你的建议，但是她最终还是会让你按照她的要求帮她申请，这种情况，大都会有申请失败的可能性。一个朋友带小小的妈妈来找我咨询时，她非常职业地坐在沙发上，问我一些个人和公司的背景，我也很具体地回答了她。由于这次的咨询她没有带女儿来，所以我问了她很多关于她女儿的问题，她一直给我强调她女儿很乖，放学回家，根本在家里听不到女儿的声音。女儿不会做任何家务，每顿饭都是她和老公盛好，喊女儿过来吃。如果有一天他们夫妻俩都不在家，她会把女儿的午饭做好盛在碗里，等女儿放学后用微波炉热着吃。但是用微波炉时要给她打电话，她要在电话中用声音监控着整个微波的过程，因为她担心女儿自己独立使用微波炉时，微波炉万一爆炸了怎么办。

　　听到这儿，我着实为这个"毫无独立生活能力"的女孩捏了把汗，也同时庆幸自己没有这样有控制欲的妈妈。我说："黄女士，您想让女儿去哪个国家读什么样的学校呢？"她瞬间答道："我有朋友的孩子在美国加州读大学，我也要让我女儿去那里。因为其他的国家其他的地方我没熟人，万一我女儿有什么事，我抓不着看不见，在加州有我朋友的孩子在那儿，我能时刻知道女儿的情况，能保护她！"

听到这个妈妈的回答后，我只有一个回复："没问题，我尽量按照您提的要求帮您女儿申请学校，而且我也会介绍我以前送过去在那儿读书的学生给您和您女儿认识，这样您的女儿又多了一些人可以保护她。"我们很顺利地进行完这次咨询。第二天她就带女儿小小来找我，委托我做小小的留学申请，我测试了小小的英语，感觉小小在短时间内不能达到很高的分数，来符合她指定的加州一些大学的录取要求。我也如实地告诉她，但是她还是执意要按照她的要求申请，没有别的原因，就是那儿有她认识的人，能抓得着看得见！

其实我能看出小小的无奈，她不想再被妈妈这样控制，但是她无力挣脱，最好的明哲保身的方法就是安静地不回应妈妈的一切，你说咋样就咋样。

绿色的家长觉得留学挺好，"也让我的孩子去留学感受一下吧。但是我对出国留学完全不懂，希望咨询老师能给一些建议"。

通常情况下，我们会根据学生的条件，帮他设计一条留学路线，家长和学生觉得不错，就按部就班地申请起来，一般会很顺利。

绿色的家长和学生都极度配合我们的工作，即使我们在工作中无意间犯了一次错误，都能被友好地原谅。学生晓彤因为我的一个错误信息，亲自去上海的签证中心送材料了，到了那里以后，被工作人员告知，晓彤的材料可以选择邮寄过来的，而不必自己亲自来上海送。

她交完材料打电话告诉我这个事情，从她的电话中，我没听出任何责备我的口气，反而很开心：常老师，很多学生来交的材料都准备得不齐，被告知要做好在签证申请过程中被要求补充材料的准备，而我的材料准备得正好，一页纸都不少也不多余，顺利递签。谢谢常老师的细心，帮我准备这么齐全的材料。天哪，我还等着给晓彤说对不起呢，反而被她给表扬了。

这让我不禁感叹：真是越不纠结、越信任你、省心的学生，越顺！

这些家长和学生中，还是超级蓝色的林大哥对我的影响最深！4年前我无意中说的一个项目，对方如此细心，4年后他打这个电话找我申请时，正好是我学习性格色彩的第一年。如果我还没学性格色彩时接到这个电话，我只会非常开心，又来了一个客户。我就会按部就班地帮助他完成申请入学等一系列的工作，然后结束。也许在做留学的过程中，我过于按照我自己的模式而忽略了他的想法，我们的合作不一定融洽。但是我学过性格色彩了，我在接电话时就刹那间洞察出，这个客户是一个超级蓝色的性格，他有着蓝色的严谨、注重细节、重视长期计划与目标。所以我要以满足他的性格和他的需要的方式来为他服务。

客户为我4年前的一次偶然谈话准备得这么充分，我要帮他高质量地完成这次留学申请。

在随后的留学申请中，我严格地运用对待这种性格的"钻石法则"和林大哥合作，我不在电话口头中通知他任何事情，我每次都写着这次需要准备的材料清单（每份要准备的材料后还要详细注明如何准备的步骤）发到他的邮箱。我帮他制定出严谨的申请入学时间表，什么时间段我们要做什么，能收到对方学校的什么回复，等等。我要让他做到心中完全知道所有的细节，让他感觉自己可以完全掌控此事。

后来，他的女儿顺利地被他所选择的第一志愿，澳洲非常著名的女子私立高中MLC（Methodist Ladies' College）录取，这所学校每年海外招生名额只有很少的十几个，我们就是那年的十几分之一。他的太太也顺利获得3年的陪读签证，陪着女儿去澳洲读书，我自己还免费帮他本人申请了一个一年多次往返的澳洲签证，以备他随时拎包就去澳洲探亲。

就这样，接近一年的申请时间，所有的事情我尽量都想在他前面，比他想得更全面，所以我和林大哥合作得非常愉快。如果我没有学习性格色彩，我不可能第一时间洞察出林大哥的性格颜色，我会按照我熟悉的工作模式，来帮他完成这次留学申请，我们的合作也许只是帮他女儿顺利申请到他要的那所名校的结果，但是绝对带不来以下这个超级效益！

林大哥因为我是在完全符合他需要的那种方式下为他服务，感到非常满意。所以把我隆重介绍到他的朋友圈中，有小孩的、有轻微留学意向的所有人，他们一个个都在复制林大哥的路线把孩子送到国外。这些客户又把他们另外的朋友圈中这样的朋友介绍给我，我的客户群体因林大哥这个源头越滚越大，毫不夸张地说，我现在50%左右的客源，都来自于林大哥这个源头。

也希望更多的想让孩子出国留学的家长，可以从林大哥为他女儿准备留学的经历中收获经验，如此，你的孩子就将成为下一个被世界名校录取的学生！

学校教育

因人而异，因"色"施教

文 / 乐嘉

我们每个人都做过学生，你也一定和我一样，遇到过这样的情况：老师在课堂上向学生们抛出个问题，有些学生会迫不及待地举手，甚至争先恐后地站起来发言；有些学生不等老师同意就直接喊出答案；有些学生则默默地皱眉思考，很少主动举手，但一旦被点名，却可能给出最准确的答案；还有些学生既不主动回答，也不在乎能否答对问题，更愿等待旁人给出正确答案。学生们这些形形色色的反应，也投射出不同性格的行为模式，而这些不同性格的人，虽然坐在同一屋檐下，相同的年龄段，接受同样的教育，却需要给予不同的教育方法。这也就是我们常说的"因材施教"。

中国文化和教育所倡导的"因材施教"理念源自孔子，充分了解、尊重并针对不同学生的不同特点，采用不同的教法，既能发挥学生优势，补其不足，又可促其智商与情商全面发展。遗憾的是，在现实中，很难落到具体的实处，不具备普遍的实际可操作性。我回忆了自己悲催的读书时代，也打探了很多我的小伙伴，多数都是在被打骂恐吓的一个模子里刻出来的。

过去几年，我们与一些教育部门合作，尝试将性格色彩用到教育实践中，初见成效，我称其为"因'色'施教"。因"色"施教不仅可让老师快速察觉并有效解决由性格导致的教育问题，而且能有效帮助教师走进学生的内心世界，了解他们的特点与需求，促其成长，敲开情商教育的一扇大门。

如何辨"色"识学生？

在课堂上，那些迫不及待、争先恐后举手的学生天性积极，反应敏捷，渴望通过最快速的自我表达获得最多的关注与认可，却常常因为不够严谨细致的思维，在第一时间内给出错误答案。这是红色学生的代表，他们容易在教师不断的鼓励与赞美中得到更多的学习动力。

那些默默皱眉思考、很少举手的学生相对内敛，缺乏主动性，不愿受到过多关注，习惯在深思熟虑、独立想清所有存在和潜在问题后再确定答案。这是蓝色学生的代表，所谓"不鸣则已，一鸣惊人"，长时间的沉默后一旦被提问，最有可能给出最完美的答案。

那些不举手就直接回答问题的学生外向主动，自信坦率，带有明确的目标感和直截了当的行为方式，敢于挑战权威，容易因为外界的严厉训斥而产生强烈的逆反情绪。这是黄色学生的代表，常常因为教师不当的处理方式而与其发生冲突。

那些等着旁人答题的学生喜欢平静、安宁的生活状态，害怕被人打扰或与人发生冲突，对于教师的提问，与其努力思考或与同学抢答，不如耐心等待正确答案浮出水面后，一笔一画地记录下来。这是绿色学生的代表，安于现状的天性决定了他们在面对激烈竞争时，即使最快得出正确答案，也会本能地将机会拱手让人。

学生性格的差异决定了教师必须因材施教，学生个性的复杂性决定了教师必须因"色"施教。没有教不好的学生，关键看作为教者的老师你懂不懂性格。

因人而异，因"色"施教

在日常教学中，教师要破解提高学生情商的密码，先得提高自己的情商，因人而异，"对症下药"。

一、红色：外界认可是自信的原动力

并非所有红色的学生都能呈现出外向、积极和自信的一面。岚岚就是个看似寡言内向的学生，尤其不愿在课堂上与师生交流，总是在属于她的角落里，静静地听，静静地写，静静地想（包括走神）。

一次语文课上，教师点名让她表演"卖火柴的小女孩"，意外发现她的表现力胜过其他任何学生。第一次，岚岚在全班同学面前受到了大大的表扬。课

后，她一反常态地坐在前排，对教师报以微笑，并在下一次角色扮演的语文课上，主动举手。细心的教师察觉后问她："岚岚，你有没有发现自己跟以前不一样了？为什么以前上课，你都不说话不举手呢？""我不是不想说话，是考试的分数不高，从来没有人注意我、表扬我，所以觉得读书、上课都挺没意思的。"岚岚的话让教师发现，这本不是个内向的学生。

因为长期得不到肯定与表扬，变得沉默、不自信、孤僻，遇事时无法自己做出判断，这是红色学生的通病。教师回想起来，岚岚的学习态度还算认真，成绩也不像她自己说的那样不好，这就说明她的天性太渴望被关注与认可，一旦受到冷遇，就容易受挫；长期得不到鼓励，自信心就可能缺失，甚至为了避免"受伤"而选择活在自己的世界里。这就是岚岚发现自己的优势，并得到肯定后，与此前判若两人的原因。

红色学生向往快乐与自由，因此容易偏科：对自己喜欢、擅长的科目学得认真，成绩较好。反之则表现出排斥，甚至干脆放弃。大多数老师的传统做法是根据不同科目成绩的高低对学生给予相应的表扬与批评，这对红色学生是一大教育误区。

程程的数学成绩很好，在数学课上他又是积极举手、答题最快最准确的学生，经常受到数学老师的表扬与鼓励，这对红色的他是极大的满足，也促使他的数学成绩越来越好。

程程的英语成绩不好，一是因为死记硬背单词和语法的学习方式与追逐自由的天性相悖。二是受到严厉的英语老师的影响。这位老师的教育理念是："人只有不断地批评和要求，才会成长！"这对红色的程程无疑是"要命"的。从一开始不喜欢学英语，到后来因为成绩不佳常被批评，程程干脆放弃了这门学科，成绩始终不及格，直至毕业前一年遇到了新的英语老师。这位老师在日常教学中发现，虽然程程的英语笔试成绩不好，但英语口语能力却很强，由此加大了对他的关注，并不失时机地表扬他、鼓励他，慢慢建立起他与自己的感情，打消了他对英语学习的排斥，帮助他培养学习英语的兴趣和自信。

对红色的学生来说，兴趣是最大的动力，批评与要求则是最大的阻力，自信心不足是潜在的性格弱点。老师要帮助这类学生提高成绩和完善自我，需尽可能地给予鼓励与认可，培养他们的兴趣点和自信心。

二、蓝色：需要疏导的"焦虑症患者"

习惯深思熟虑的蓝色学生对完美和细节的追求是无止境的，但同时也最易患上焦虑症。

文文是班里的文体委员，对班级工作和老师布置的任务向来一丝不苟，却始终无法按时完成黑板报的设计和书写。对于很简单的一行字，即使身边所有人都赞不绝口，文文还是会擦了写、写了擦，总觉得这里不够好，那里不够美，最终导致其他同学一节课时间就能完成的工作量，在她手里要耗费一个下午甚至更长时间。

和文文一样属于蓝色的学生在学习过程中也是这样：会独立制订很多计划，并要求自己完全遵照执行；会因为没弄懂某一个科目的知识点而感到无助，并强迫自己不断思考直至领悟。在最后的结果出现前，内心容易产生焦虑，甚至钻牛角尖，变得极端。

这种"没有最好只有更好"的性格特点，原本会使学生在成长中具备优势，是很多教师和家长梦寐以求的，但被"过于苛求"和"不善变通"两大弱点削去了效率，又因敏感和寡言加剧了内心纠结，反而容易在不断加重的焦虑中，以失败告终。

对此，老师首先不能因为蓝色学生安静低调的表象，而忽视他们敏感的内心和丰富的情感，也不能因为他们的自我高要求、责任心强，而放手让他们默默地扛起一切。蓝色的学生需要疏导与辅助，也需要被肯定与尊重。老师在充分鼓励他们的基础上，可适当地与他们共同制订计划，帮其理清思路，让他们明白何为主、何为次，自己学会抓大放小，在有限的时间内灵活变通，不过分纠结于细节。比如在文文设计和书写黑板报的过程中，班主任可以帮助她一起规划，引导她找出最需要关注的重点和不需要太注意的细节，让她在比较中自己体悟。又如在试卷分析课上，老师可通过试题的难易分布，引导学生学会在考场上分清主次，既不要在某道难解的题目上耗光了时间，又要懂得在放弃一道难题时调整心情，不过分焦虑。

对蓝色的学生而言，一旦懂得权衡利弊，明白变通的意义，自然会去寻求自身性格的改变。

三、黄色："硬碰硬"，没好处

黄色的学生内心强大，此处提醒每个老师：切勿激起他们的逆反情绪。

小秋常在上课时看漫画，老师每每发现后，都用没收的方式惩罚。可惜不仅没能阻止他下次相同的行为，反倒加剧了他的直接顶撞和师生冲突。直到有一天，老师突然发现他从前的学习成绩非常好，常给自己设定第一名的目标。学过性格色彩后，老师决定将以往没收的全部漫画书都还给他，并留下一句话："一个真正强大的人，应该懂得珍惜每一分钟。只有这样，才能真正超过其他人。老师相信你自己可以做得更好。"自此，小秋的漫画书再也没在课堂上出现过。

天性自信、目标明确、内心强大的黄色学生需要被尊重，生就争强好胜的个性与领导他人的本事，让黄色不惧挑战，不畏强权，却容易自负、自高、自大。老师在教育犯错的黄色学生时，首先要尊重他们，变严厉的批评或居高临下的说教为平起平坐的方式，引导他们自己认清事情的正误利弊，让他们自发地扬长避短，向着适当的新目标前进。

玲玲是大家公认的好班长，学习成绩也稳居班级前两名。但最近，班主任却发现她的精神状态很不稳定，直接向她询问缘由未果，只好求助于其他同学并家访，才知玲玲在学习上遇到了困难。为了不在成绩上落后，同时尽好班长的职责，不让其他同学发现端倪，她暗自努力，刚上五年级就挑灯夜读至午夜才入睡。班主任很心疼，找机会问她："得第一真的那么重要吗？"小丫头目光坚定，不假思索："当然！"

对黄色的学生而言，生命就是一场竞赛。他们只有得到最好的头衔和成果，才会拥有短暂的快感，才能更好地争取下一个"第一"。在不断朝新目标奋进的过程中，如果自身出现问题，强烈的自尊心通常不容许他们告诉他人，暴露自己的弱点。他们本能地要求自己做到最厉害。

这类学生需要帮助，但老师最好不要让其他学生知道自己在帮他，以免让他"伤及颜面"。在日常相处中，老师要引导他们享受学习本身的快乐，并从中汲取营养，收获比名次更重要的能力与知识，让他们自己明白成王败寇并非人生的全部，重新确立并实现自己真正该追逐的目标。

四、绿色：习惯的养成是关键

最听话的绿色学生也是最让老师无计可施的。生性平和、与世无争的他们最不愿引人注意，最害怕与外界发生冲突。从班级管理的角度，教师巴不得所有学生皆如此，让自己彻底省心。但从个体进步和全面发展的角度，老师通常用尽激将法，都无法推动这些毫无目标、安于现状、不思进取的绿色学生，老师郁闷无比。

临近考试，老师常会对不同的学生提出不同的要求。例如对黄色的学生，只要建立起一个适当的目标，老师的压力就会变为学生的动力。但这招用于绿色的学生，却适得其反。哪怕丝毫的压力都会让他们不安和惧怕，甚至可能最终因无法承受而放弃努力。

对待这类学生，短期内，老师可根据他们各自的学习能力和知识水平，帮助他们将学习计划分解成最易实现的阶段性小目标，并时刻关注他们的成长。只要发现他们的进步，不论大小，都应不吝赞美与鼓励，让他们感知到老师一直在自己身边，随时能帮助自己解决难题，增强他们的自信心和前进动力。

从长远发展来说，良好学习习惯的养成对于绿色犹如珍宝。在一次夏令营活动中，有个年少的学员坚持每天按时起床，有规律地收拾被褥、整理衣服，整整一个月从未中断和改变。询问后得知，这个学生的父母在他很小的时候，就不断锻炼他自己的起居和生活能力，久而久之便形成这一习惯。所以，老师可以参照此等妙法，引导绿色的学生养成适时分析、总结学习情况，制订并分解学习计划的良好习惯，以不变应万变。

小文一篇，作为FPA性格色彩与教学相结合的简单应用，望给普天下的教育工作者以启发，日后将其拓展应用至更广阔的教育领域中，促进学生的全面发展。

医疗卫生

读懂每个为你看病的医生

文 / 许逸

性格色彩认证培训师、知名跨国制药公司销售总监

人们谈起"医患关系"这四个字时，脑子里蹦出来的估计不是病人家属的暴力极端，就是医生的黑心冷血，总之是一种极其缺乏互信、相互防备的关系。回想我们小的时候的医患关系，回忆里尽是医生办公室里满墙的锦旗、感谢信和病人真诚的感谢。那时患者对医生总是信任和感激的，医生也总是对患者充满关爱的。现在回想这一切还能感到温暖，好生令人怀念。

客观地说，现在的医学比过去能治的病多得多，也比过去治得好得多。社会平均寿命延长是一个不争的事实，当年肺结核都能要了人的命，现在有些恶性肿瘤都能治愈。现在的医生也比从前忙得多，层次高得多。那时的医生只需要看病，中专文凭就能当医生，大专就能进大医院。现在大医院的医生不是博

士都别想，而医生的工作也不仅仅是看病，还包括了科研、教学，等等。按理说，现在的医生无论从哪个方面来说都应该更受到病人的尊敬和信任，可是偏偏随着医学水平的不断发展，医生越来越没有尊崇感，患者对医疗服务的质量难以满意。医和患这一本来最应互相信任的人与人的关系之间，充满着防备与猜疑。

我们除了不断地问为什么，更想了解医患关系是否可能获得改善，社会的各方各面能为这种改善做些什么，又该怎么做……我们下面将要讲到"性格色彩"工具，并会和各位探讨其在创建和谐医患关系中的应用。

色眼看医患

影响医患关系的原因，除了环境和体制外，还有一个极为重要的因素，那就是人际互动。而这种人际互动在很大程度上是由性格强烈影响的，这也是我认为可以改善的方面，是性格工具的用武之地。

当仔细分析这种人和人之间的差异，即便你从未接触过任何性格学说也会发现是有规律可循的。有的医生总是直奔主题、言简意赅；有的医生总是亲切温和、有问必答；有的医生热情开朗，说话生动有趣；有的医生严谨细致、不苟言笑。

同样的，有些患者，医生说什么是什么，配合度很高；有些患者希望医生告知选项，自己来做判断；有些患者大病也当小病、乐观积极；有些患者小病也当大病、忧虑紧张……当我们逐步了解了一些关于性格特征的知识，对于上述这些医生或病人的行为特点就比较容易理解，甚至对于其行为背后的动机都能洞若观火，功力再高一些的对于一些个体一些情况的自然反应能够有所预测。当人们具备了这样的意识，绝大多数的人际冲突就会消弭于无形。

这就犹如在黑夜中戴上了一副夜视镜，对原来看不清的东西可以一目了然，性格色彩相当于这样的一副夜视镜。拿我们今天的主体来说，"哪些医生有可能会言过其实"，"哪些医生有可能会犹豫不决"，"哪些患者最有可能会和医生发生冲突"，"哪些患者最不容易相信医生"……带上色眼，要回答这些看似算命一般的问题其实没有你想得那么困难。具体的办法就是运用性格分析的工具来认识自己也看懂别人，并且选择适当的方式和对方互动。当具备了这个本领，面对再富有挑战性的人际关系你也可以游刃有余。

　　这是一篇探讨性格色彩工具运用的文章，我默认为看这篇文字的读者对性格色彩已然有所了解，如若不然还请买一本乐嘉关于性格色彩最初的奠基之作《色眼识人》补个课，以便能更好地进入下面的专业讨论。我们都很了解洞见、洞察、修炼、影响是性格色彩从浅入深的四门功课，我会和各位探讨到这些"色功"在创建和谐医患关系中的运用。这里，我们先来看看"洞见"和"洞察"的威力。

　　"洞见"简单来说就是了解自己。无论是医生还是患者，当人们了解到自己的性格色彩，就会意识到自己的优势和过当，这就是性格色彩所强调的"洞见"，是处理好人际互动关系的基本功夫。

　　"洞见"的一个重要的功能，是可以帮助人们领悟到自己对于事物的判断标准并不代表这个社会的普遍判断标准。比如红色对于细致的判断标准就会低于蓝色，红色所判断的细致，可能蓝色认为还远远不够；又如黄色认为自己已经很有耐性的时候，或许比起绿色着急时显得更不耐烦。

　　当人们有了这样的自省，发现错有可能在自己，就不容易生出激烈的情绪。试想如果你是一个黄色医生，当面对患者啰里啰唆，感到忍无可忍的时候，突然想到可能是自己的黄色带来的缺乏耐心，或许就不会粗暴地打断患者，避免了一次可能发生的不快。

　　知人者智，自知者明。洞见是自知，如需知人还需学会"洞察"，即看得懂别人。为什么我们把看懂别人作为第二步的功夫，而不是和看懂自己一样呢？性格色彩的一个重要观点是：不同性格有可能做出同一个行为，判断人的性格却不能仅仅看行为，还需要认识到这种行为背后的动机。

　　所以功力较浅的朋友在判断他人的时候容易被行为的表象所迷惑，做出不够准确的判断。

　　比如患者没有挂到专家的号，最后直接来到专家的诊室请求专家加号，请问哪种性格的医生最有可能答应，哪种最有可能不会？

　　答案是四种性格的专家都有可能答应，也都有可能拒绝。

　　我们先来分析如果四种性格的医生都答应的原因。

　　红色医生答应的往往是被患者的言语以及可怜的外表所打动，红色的性格本来就比较感性比较容易被感动，加上患者一通软磨硬泡，红色并不是非常坚持决绝的性格，就很可能同意。

　　蓝色医生原则性较强，注重规则，本来认为既然号已经约完，就应该遵守规定改天再约。但是蓝色还有一个特点就是想得比较多，转念一想如果患者因为这次没有看上耽误了病情怎么办？如果我没有给他看他又找了别的医生给他看了，岂不是显得我很不近人情？如果他跟别的医生抱怨，别人又会怎么看我……还是看吧。

　　黄色医生讲求效率，而且处事比较刚毅坚决，因此如果接下来他已经安排了其他的事，无论患者如何哀求，他是会坚决地说"不"的。但如果病房里最近空床较多，业务量吃不饱，影响到了科室以及自身在医院的业绩指标或者行业里的学术地位，只要后面没什么事冲突，黄色专家会痛快地答应加号。

　　绿色医生是最有可能答应的一种性格，因为这种性格的人真的很不会拒绝人。对于绿色来说，对于苦苦哀求的人说"不"，实在是一件极其为难的事。他宁可耽误自己中午和朋友约了的午餐，也会给患者一个交代。

　　我们再来分析如果四种性格的医生都不答应的原因。
　　红色医生如果最近连续作战身心俱疲，就一定会拒绝。因为红色内心追求快乐，不愿意为难自个儿。另外如果红色医生接下来有什么他感兴趣的事情等着他，比如中午有球赛的直播，他也会毫不犹豫地拒绝加号，一溜烟地走掉，要知道，对于红色，快乐是极其重要的。

　　蓝色医生如果拒绝，很可能是因为医院强调了规则，要求维护门诊秩序不要随意加号。蓝色对于规则看得很重，不愿意轻易破坏。另外，可能心思缜密的蓝色早就算过，即便我现在给你加号，检验科药房都已经下班了，既然你上午无法完事儿，还不如改时间认认真真地看。

　　黄色医生非常理性，不会轻易被言语和形象打动，他们内心明确地告诉自己，挂不到号的患者那么多，我就算是不吃不睡也看不完，这不是有没有同情心的问题，这是现实。如果接下来有更重要的事比如修改论文，更是会毫不犹豫，黄色任何时候都知道什么是最重要的。

　　绿色医生如果拒绝，或许缘于他前些天无原则地加号，受到了因此下不了班的门诊护士的埋怨。绿色非常注重人际关系，当然会更加不愿意影响需要合作的护士的关系啦。

看到这里你或许会说，四种性格都可能会又都可能不会，不等于啥也没说嘛。请少安毋躁，以上文字是为了告诉你不要拿行为机械地去套性格贴标签。如果你了解到了每一种性格的优势和过当，并且开始从行为背后的动机去判断，自然能区别出不同性格并看到其显著的不同。今天既然讲医患关系，下面就以医生和患者为例，给大家说说不同性格的差异。帮助大家洞见和洞察。

认识你的医生

下面将描述每一种性格的医生比较可能具有的优势，以及可能会发生的过当。限于篇幅，仅针对医生比较可能表现出的几点优势与过当加以描述。

红色的医生

优势：

红色医生首先所表现出的最显著的优势就是亲和力。尽管大多数的医生在第一次见的时候都是"冷面"，不苟言笑，说话严密谨慎，仿佛觉得医生都是蓝色似的。但是接触时间略长，差异就会显现。红色的内心将追求快乐置于无比重要的地位，即使每天面对愁眉苦脸的病患，红色医生依然是希望在其中找到乐趣。更重要的是，红色不但自己追求快乐，还能将这种轻松快乐感染到周边，传递给他人。或许，这对处于病痛中的患者本身就是一剂良药吧。

我母亲几年前去看牙医，之前一直在市里最好的口腔医院看，可是偶尔一次去了家附近的小医院看过后，再也不愿意去口腔医院了。

我刚开始觉得很纳闷，劝母亲既然医保通用还是上大医院比较靠谱。后来逐渐了解到了吸引她去小医院的真正原因，原来小医院这位口腔科的主诊医生除了技术不错外，还特别亲切温和，说话风趣幽默，是附近一带中老年患者中的"万人迷"。小诊室里每天人来人往，活像个室内情景剧的录制棚。在那里等待就诊以及恐怖的拔牙补牙都成为了一件充满乐趣的事情。

母亲第一次去，医生检查完后一脸认真地对她说"咱们要认亲戚了"，看着母亲一脸疑惑，医生哈哈大笑："你的坏牙很多，要分次拔掉后，我再给你做假牙。你往后可要常上我这里走动了。"即便生性严肃的母亲也被逗乐了，后来真成了他的忠实患者，后来对于医生的称呼也从"张主任"改成了"阿虎"，这可是从来没有的事。

红色医生的另一个显著优势，是和病人的互动通常都比较好。四种性格当中，和患者沟通比较多的一般来说是红色或者蓝色。

蓝色的逻辑性和完美主义，会将整个疾病的来龙去脉讲得清清楚楚（一般指在病房，门诊太忙，没有这个条件），最终给出治疗建议，通常层次清晰、语言平顺、用词精确，但不会有太多表情，也不会有太多关于病情以外的内容。而红色的医生跟患者的交流风格则完全不同，他们通常是语言生动风趣，表情丰富，会用一些比喻、举例来表达深奥的医学知识。

除了病情本身，红色的医生如果不是时间太紧，有时也可能会和病人聊到一些病情以外的内容，并最终用其特有的乐观心态安慰病人一番。

最近网络上流行的一条消息叫"医院各科室神一般的医患沟通"，摘录的基本都是红色医生的语录。比如提到一个心内科医生向患者介绍心电图、彩超、造影的区别时说：如果心脏是个房子，心彩是看屋子有多大，墙结不结实，漏不漏水；心电图看电路通不通，有没有漏电啊短路啊啥的；造影是看水管堵没堵，这水管都是铁皮包着，里头锈成啥样谁也不知道，心电图彩超啥也看不着，只能做造影。这就是为啥这三个检查不能相互替代。这种深入浅出的解释，再加上生动风趣的解说，患者的接受度自然是高的。

当红色医生遇到患者抱怨费用太高，指责医院医生太黑时，其反应也颇为高明有趣。一般遇到这种情况，黄色医生很可能拉下脸扔下一句"哪里便宜，您上哪儿看去吧"；蓝色医生很可能一脸正色地跟患者解释医院的成本、政府的医疗体制，等等；绿色医生则可能对病人表示理解，宽慰一番。而红色反应飞快，一句调侃，"您说这北京城房价那么老贵，这也不能埋怨建筑工地的农民工啊"，既把道理说明了，又把自己放到了农民工的地位上博取患者的同情与理解。这可不是红色精心设计的回应，而仅仅只是一句随口的反应。

反应快，思维敏捷加上幽默风趣，正是红色的优势所在。

大家千万不要以为快乐感性的红色出不了大家，事实上，红色的医生因为其性格的感性，除了关注疾病本身，更关注患者这个人，而这恰恰正是最高级的诊疗理念。其中不少红色的医生，凭借精湛的医术和对患者关爱的良好口碑成为一代医学大家。

北京协和医院的郎景和院士就是这样的一位红色专家，除了治病救人，科研教学，精力充沛的他还撰写了大量的科普文章甚至小说诗歌。在其写的犹如散文一般的《妇科手术笔记》中，各种感性的文字、妙趣横生的点评，比比皆是，完全不同于大家想象中院士级大专家写的枯燥难懂的专业书。

比如有一段写盆腔淋巴结清除术时，他写道："身体是一尊生命的山，还有流动着的江河、湖泊——血液、淋巴及其他……现今的问题是诊治的去人性化或沙漠化，把身体的器官当作一个部件，放在冰冷的流水线里去检查修理，正是忽略了生命二字。温暖和关爱多么重要，就是山水都需要环保，何况人呢？我认为外科医生施行手术应该既合理，又美丽。"试想这样的专家，患者怎么会不喜欢呢。

要和红色医生沟通并不是一件困难的事，但如果你想要沟通得好是有一个小秘诀的，那就是赞扬。红色内心很需要获得认同，很享受被赞扬，并且在这种认可中，红色的表现会越来越好。如果赞扬得有根有据，言之有物，红色很容易和你产生亲近感，甚至引以为知己。

过当：

一般来说，红色最可能发生的过当是粗心、冲动、言过其实等。但对于一位经过长期职业训练的医生来说，这些过当在其医疗工作过程中会出现得比较少，而且正规医院各种完善的标准流程管理也会弥补个人性格过当的发生概率。

这就如同飞行员或者宇航员，想想《地心引力》这部电影，有的宇航员在维修太空站时喋喋不休地和地面控制台的工作人员插科打诨，而有的宇航员喜欢"宅"在站里头一声不吭。但是，他们在执行一个任务时，都会按照练习了无数遍的标准流程开展，配合默契，极少会受到个人性格的影响。

医生也是这些长期接受专业训练并且有着严格操作规范的职业之一。设想当他们进入手术状态时，面对的巨大压力使得任何一种性格的医生都不会掉以轻心，操作规范也不允许医生有任何的冲动，如今外环境的严酷也将红色的医生修炼得出言谨慎，很少会出现言过其实的情况。这也印证了性格色彩理论中所提到的，先天的性格会受后天环境的影响，形成现在的个性。那么红色作为医生，又可能会有哪些过当呢？

红色最常见的过当是粗心。尽管有各种流程制度监督，如果你翻阅一下报纸，关于医生粗心的事件还是时有报道。有打错疫苗的，有拔错牙的，最令人哭笑不得的是，右腿骨折左腿被做了固定手术……可是这些粗心大意的事件的发生概率远远低于其他行业，我们之所以时有听说，是因为医疗上的微小疏忽常常直接导致患者的纠纷甚至医疗事故，容易被广为报道。而其他工作中的疏忽影响没那么直接，反而不容易被大众所了解。

这就如同巴西的一架小型飞机失事中国都会报道，但你所在城市郊县发生的交通事故你却不会知道一样。医生也是人，是人就有可能出错。

总体来说，这个行业的出错比例已经远远低于其他行业，尤其是在规范的大医院，纯粹因为粗心而造成医疗事件的概率已经微乎其微。但是作为病人，如果遇到的医生性格很红的时候，自己也要多加留意，避免发生一些疏忽。

另一个比较有机会见识到的红色医生的过当，可能就是他们的散漫。港剧《On call 36 小时》中有一位年轻医生，一开始老是迟到、各种贪玩、吊儿郎当，其实演绎的就是红色过当。直到后来他逐渐改变，成为了认真、投入的医生，观众们才觉得顺眼起来，这其实就是该角色经过修炼克服了一些性格的过当。

不过，红色的这种散漫并不是没有责任心，往往是其性格中崇尚自由，不愿拘泥于形式的外在表现。

有一位红色朋友早年是医科大学的高才生，技术也不错，看病也不马虎。但是平时里外表就透着散漫不羁的风格，夏天有时甚至会穿着拖鞋、休闲短裤在医院晃悠。

据说某天晚上急诊值班，已经在值班室睡了，半夜外面来了病人，接诊的实习医生处理不了来请。没想到这哥们儿说都已经睡了就让病人到值班室来看吧，后来还真就在值班室隔着蚊帐把病人给看了。没曾想第二天病人就向医院投诉，闹得灰头土脸。红色内心觉得委屈，在哪里看病不是看呢？没耽误病情啊。要知道，对于这种情况，其他性格尤其是蓝色、黄色，是绝对不会认同的。蓝色认为看病就该有个看病的样子，而黄色认为这种行为根本就是一种不尊重和藐视。如果这位朋友当年就知道性格色彩，这一堑或可以不吃啊。

言过其实也是某些红色可能给人的感觉。事实上，红色从未有意要欺骗谁，可是红色内心极需要被关注欣赏、被称颂仰慕，所以有时候说话会比较夸张。对红色来说，精确不是重点，吸引才是重点。而且因为红色通常估算能力较弱，很多在其他性格认为的显著差异，在他们看来确实是差不多的。

在东北的某家医院里，医生对考虑做心脏手术的病人说："在我这里做，四万五千块钱统统搞定。"可是在手术台上，出现了一些意料之外的情况，病人的状况比预期的复杂得多，最后手术好不容易完成了，费用却超过了五万五千元。

病人不干了，只肯付四万五千元，最后闹到对簿公堂。实际上红色医生原本要表达的意思，如果让蓝色医生说出来是这样的："在我这里做手术，如果一切顺利的情况下，手术费检查费加上术后抗感染预计四万元到五万元，如果发生一些预料之外的情况，有可能会显著超支。"但是让红色医生这么说他会腻味死，一点派头、腔调都没有，一点都不带劲。

如果你遇到的医生红色比较重，请务必理解医生的"承诺"，进一步地明确哪些确实是承诺，哪些是这么个意思但不确定，这样或许可以避免一些误解。

蓝色的医生

优势：

蓝色细致严谨、认真负责、追求完美、坚持原则，这种性格本身的特质就和一些工作所需要的职业要求非常符合，比如会计师、建筑设计师、研究员，等等。医生显然也是其中的一种，尤其是内科医生。所以说蓝色做医生，本身就具有一些性格上的优势。如果在这些优势当中选一个我认为最受病人所喜欢的，莫过于蓝色的细致严谨。

我认识的一位蓝色的医生，是任职于上海一家大型三甲医院的肝病科专家。有一次和他见面，其间有数次被电话打断。他歉意地表示，是患者的电话，不好不接。

我有些不解，事实上像他这样级别的专家，未必需要亲自接那么多病人的来电，有些甚至不一定会留手机给病人。

他告诉我，所有接受抗病毒治疗的肝病患者治疗周期都在一年以上。其间有些患者可能出现疗效波动、药物副作用、耐药等各种状况，需要及时调整剂量和方案。患者如果要获得理想的疗效，整个治疗过程中都需要和主诊医生保持沟通。

病人一般会定期复诊，但是有些外地病人返回上海复诊不方便，所以这位医生就把自己的手机号留给病人，以便一旦有什么状况病人可以及时联系到他。有时候对于外地不能及时复诊的病人，这位医生还会将病人介绍到当地水平较高的医生处继续随访，并给当地的医生打电话嘱托。在这位医生的电脑里，为每一位抗病毒治疗的患者都建立了详细的档案，并有助手负责管理，这就是细致的蓝色医生。

蓝色的细致，背后一方面是来自这种性格对于完美的追求，希望每一个患者的治疗都没有瑕疵，这样无论最后治疗结果如何，医生对自己的内心都有所交代；另一方面蓝色考虑得比较多，对于意外的情况，比如严重副反应的担心远比天性乐观的红色要多，所以只有自己多花些时间多操些心，才是万全之策。所以当你在就医过程中遇到蓝色的医生是一种幸运，因为你的医生或许比你自己对于病情更加操心，他们是值得托付的。

说到蓝色医生的严谨，也是很显著的一个特色。

医学领域有一个很重要的概念叫作"循症医学"，即所有的医疗决策需要有依据。蓝色的医生是这一理念最好的践行者。蓝色对于事物不容易轻信，所以对于新接触到的信息不会立即接受，而会提出质疑和挑战。"是真的吗""你有什么证据吗""证据的级别够吗""为什么指南里不是这么写的"……当你能够提出证据，并且在逻辑上将问题说清楚，消除他的疑问，他才会逐渐接受。

他们的这种严谨，也往往体现为很强的原则性。这和红色的灵活性、黄色的唯结果导向、绿色的人际关系导向有着显著的差异。所以蓝色的医生，病人最不必担心他们"乱用药""过度治疗"。如果治疗不符合规范，他们的内心会比病人更煎熬。

蓝色医生在严肃的外表下，有一颗仁爱的心。同时因为对自己的要求很高，如果要评选最勤奋敬业的医生，也非蓝色莫属。这种勤奋并不是一段时间，而是能持续地形成习惯，数十年如一日，这也是蓝色才可能做到的。

大家熟悉的林巧稚大夫，就是其中的典型代表。抗战期间，原本在美国芝加哥大学进修的林巧稚毅然回到灾难深重的祖国，可是1941年以后连协和医院也被迫关闭，于是她就在东堂子胡同10号的一个简陋诊所里为病人看病。

一个雨夜，有个浑身湿透的男人前来求助，说妻子因为难产快不行了，林大夫二话不说拿起诊箱冲进雨中。

经过一阵忙碌，当产妇在其精湛的医术下转危为安后，林大夫想坐下歇一会儿，却发现这家竟然穷得连一张板凳都没有。林大夫默默地从包里摸出几张钞票放在炕头上，说道"等她缓过来，你给她买点东西补补吧"，便又消失在茫茫的雨夜中。

这仅仅是林巧稚大夫无数次出诊中的一次。她曾说："作为一个医生，病人把健康的希望给了你，你就要尽心尽力，负责到底。"在这样的信念下，林大夫在胡同里坚持了整整六年，接诊了上万名病患，并留下了8887份病人档案……我每次读林大夫的故事都会禁不住流泪，我也想告诉各位即便在今日的现实社会，仍有很多像林大夫这样的好医生在默默地奉献，不计回报。希望大家能够尊重他们，珍惜他们！

和蓝色沟通好，说难也不难，说容易也不容易。蓝色骨子里最接近中国古代的士大夫，内心秉持着较高的底线，常会显得清高和傲气。所以要和他们沟通好，一定要把道理讲清楚，并且要能表现出足够的信任与尊重。送红包礼物、托院长关系压下去，对于这一性格的医生来说并不是一种好的交往方法，甚至还有可能获得反作用。

过当：
性格色彩认为每一种性格的过当都来自于对这个特点的过度发挥。有些优势如果发挥过度了，就成了过当，蓝色医生有可能会发生的过当也和他们的优势有关。当蓝色的细致谨慎发挥过度时，可能就会成为纠结和犹豫不决，这是蓝色最常见的过当。

大家都知道红色对于事情的反应是最快的，黄色在纷乱复杂的情况下能找到重点并毫不犹豫地采取行动，绿色尽管反应不是很快，但是也没有太多的思前想后，而蓝色因为考虑的因素比较多，因此作决定通常是比较慢的。挖掘背后的原因，蓝色这种较慢的决定过程源于对完美的追求，希望面面俱到。即使不能做到面面俱到，也需要时间仔细权衡取舍。

我在前面已经提到，当前中国的医疗环境极其复杂，对于医生来说除了治疗的效果以外，需要考虑到的方方面面还有很多也很复杂，要考虑权衡清楚并不容易。尽管医生作为一个受过专业训练的职业可以克服一些性格的弱点，但是当面对紧急严重的病人、复杂的情况，蓝色医生通常比较难像黄色那样当机立断地作决定。这也是为什么我们能看到不少蓝色的医生跻身于顶级的内科医生之列，而在顶级的外科医生中这种性格却比较少，即便有也必定带有很强的黄色。

蓝色的原则性强和严谨如果发挥过度，往往会显得墨守成规，不够灵活。医学是一门不断发展中的科学，许多东西不是一成不变的。有些领域则本来就没有什么标准的治疗方案，需要不断地探索。红色和黄色在这些领域比较愿意拓展，而蓝色则较其他性格更尊重既有的规范，由此也更容易拘泥于既有的条条框框。

我认识的一位蓝色的医生朋友，曾为一位患者的手指实施了局部手术，按照抗生素的使用规范，此类手术只需要在手术期使用抗生素，因此手术以后，医生就没有再给患者使用抗生素。尽管患者术后反映伤口有些红肿，蓝色医生考虑后还是根据原则拒绝给患者使用抗生素。一周后病人发生了切口化脓，最后实施了第二次手术。

最后经了解患者是个漆匠，原本的伤口上实际已被油漆所感染，这种情况下手术后是可以使用抗生素的。蓝色医生坚决地遵循"规范使用抗生素"的原则，尽管对于很多患者来说避免了过度治疗，但对于某些情况下缺乏灵活变通，也会造成不好的结果。

蓝色总体来说亦是一种保守的性格，因此对于新鲜事物的接受也会比较慢。如今在大肠癌化疗的标准方案中，有一种常用的方案叫作XELOX，其中主要的一个药物是口服药，经过各种研究证实，口服这个药相当于静脉注射氟尿嘧啶。当年这些研究的数据逐渐推出后，该药被全世界批准用于肠癌的治疗，因为使用方便，病人接受度高，一下子获得了许多医生的认可。可是部分蓝色的医生迟迟不能接受，坚持给患者做静脉化疗。

当时有人问过一位专家，为什么你不接受这种新产品、新治疗方案呢？这位专家的回答诠释了经典的蓝色心态："第一，这些新出来的产品临床上应用还不够多，万一之前的病例中有些问题尚未暴露出来呢？所以我宁愿再多看一看；第二，病人如果只要吃药，那他就不需要住院了。口服化疗也是化疗，也有毒副作用，如果病人没有在我们的眼皮底下化疗，一旦出事了怎么办呢？"

这就是蓝色，永远都具有忧患意识，永远都知道防患于未然。但是也会因为过度忧患，而错过一些新的事物。他们的优质医疗服务往往体现在现有方法的精益求精上，但是不容易出现"人无我有，人有我新"的创新模式。

黄色的医生

优势：

果敢决断的黄色也是一种非常适合于医生职业的性格，尤其是外科医生。试想在抢救伤员时，常常需要面对那些人们不敢直视的血肉模糊的伤口。医生不但要直视，还要凭借自身的专业迅速决断，及时处理，不能有丝毫的犹豫和恐惧。这些抢救任务通常都来得很突然，会置身于一种紧张混乱的气氛中，可以想象这时他们所面临的巨大心理压力。在一般人看来，受过长期专业训练的医生，无论什么颜色都一样的理性专业。如果我们深入地观察他们或访问他们的内心，就会发现其中的差别。

红色能在第一时间做出快速反应，但感性的红色也相对比较容易受到环境的影响产生情绪波动，如果情况比较严重或复杂，红色可能会产生迟疑。而外冷内热的蓝色面上并不显露，内心也会受到环境所影响而波澜起伏，并且因为蓝色本能地考虑得很多，面对严重复杂的情况反应速度可能会稍慢。

绿色尽管情绪上的起伏并不大，但是天生对于他人感受的关注会使得绿色在人和事中本能地倾向于人，不容易在复杂情况下做出"困难的决定"。这时黄色的果断理性的优势就展露无遗。他们受到外界的影响小，情绪也不易受影响，在巨大压力下仍可以做出理性的判断。如果没有万全之策，只能两害相权取其轻的时候，黄色的医生能果断地决定舍弃什么，拿出治疗方案。

最典型的案例就是汶川地震救援工作中的"现场截肢"事件。

我们从事后中山大学附属第一医院参与地震救援的医生后来发表在《中

华创伤与修复杂志》的文章中看到，当时伤员的肢体被废墟压住，而且已经挤扁，如果不采取行动，伤员就不能被救出并及时送医院。面临着余震可能造成进一步伤害以及可能危及生命的感染风险，现场的救援医生权衡利弊后果断决定为伤员实施现场截肢。

虽然我并不认识当时现场手术的医生，但在这种余震不断，卫生条件简陋，周围干扰多的严酷环境下能果断地做出判断并承担责任的决策者，必然具有黄色的特质。同时在这种境况下能不受干扰地完成手术的最佳人选，也非黄色莫属。他们表现出的这种果敢决断，背后是该种性格最突出的特点——理性。黄色认为世上的事只有两种，能解决的和不能解决的，能解决的把办法找出来，不能解决的就接受，一切以结果为导向。

这种强大内心的另一种外在表现是，黄色总能分清轻重缓急，处乱不惊。当突发事件出现的时候，这种性格最不容易慌乱，不容易受到外环境的影响，这无疑是一个好医生所应当具备的素质。

圈内流传着一个真实的故事，上海中山医院院长樊嘉教授是我国著名的肝胆外科专家，有一次在肝癌手术中阻断血管时，一串血珠溅入到他的眼中。尽管一只眼睛看不清楚，但他并没有停下手术刀，依靠精湛的技术像什么事也没发生一样继续手术，直到手术完成后才处理自己的眼睛。

事后提及此事，他只是轻描淡写地说："病人的肝脏处于缺血状态，必须争分夺秒，否则即使肿瘤被切除也可能因肝细胞损伤而导致肝功能衰竭，手术就白做了。"对于这样的专家，除了高超的医术，强大的心理素质更是令人肃然起敬。

黄色内心对于成功的追求让他们表现出强烈的进取心，他们喜欢挑战疑难杂症，追求人所不能。逐渐积累起来越来越高的业内口碑、一个又一个的学术成就正是黄色医生不懈追求的目标，也带给他们内心的快乐和满足。

正是这种敢于挑战自我、敢为人先的特质，使得具有这类性格的医生中名家辈出。还是举樊教授的例子，他曾经收治过一对母女，她们同时患有某种罕见的肝脏疾病，濒临绝境，双双需要肝移植。在只有一个供体的情况下，他最终果断决定一肝二用对这对母女施行了劈裂式肝移植。当时国内没有任何经验可循，依靠国外的一些参考文献和精湛的技术，手术最终获得了成功。除了进取心，我们更看到黄色展示出的强大魄力。这是其他性格所无法比拟的。

稍微留意一下，就会发现中国大医院里大概80%的院长都是外科医生。仔细琢磨一下，成功的外科医生性格中大多都有黄色，他们需要有强烈的进取心和对于目标百折不挠的追求精神，否则很难在高手如林的同行中脱颖而出。而作为一院之长，同样需要具有强有力的领导力，对于目标孜孜不倦的追求，对于出现各种各样的问题果断决策。从性格色彩的角度看，不是外科专家容易成为院长，而是黄色更容易成为掌控全局的一把手。

跟黄色的医生打交道，应当遵循简单直接的原则。黄色非常看重效率、惜时如金，他们希望把自己的每一分钟时间都花得有意义有结果。所以如果找黄色医生沟通，尽量做好准备、带齐资料、把问题做一个梳理。不用过多地寒暄问候，直奔主题即可。节约他们的时间会让他们感到被尊重，而无谓的闲聊会让他们感到不耐烦。

过当：
黄色倾向于关注事，注重结果，但如果这种特点发挥过度，就可能引起黄色最常见的过当——忽略感受。

我认识的一位黄＋红的著名外科专家，手术技能在中国堪称顶尖高手，挽救了许多病人的生命，是一位深受病患认可的专家。可是在刚开始出现特需门诊那会儿，该专家一段时间里数次被医院的书记找去谈话，原因都是被"特需门诊"的患者投诉看病时间太短。

专家说起此事一脸的无奈：

"我一看片子，肿瘤，手术指征非常明确。就让他们到门口去商量在不在我这儿手术，如果决定了就办入院，手术下个礼拜做，不在这里治就去其他医院。实在没啥可说的了呀。"

"那您咋不跟病人介绍一下手术方案呢？跟他们多讲解讲解不就结了吗？"

"他们听得懂吗，病人听这些有啥用？既然来找我，我自然会帮他们做好的。不相信来找我干吗？"

"……"

这位医生的话其实没错，我也能理解他的想法。但站在患者的角度，那时特需门诊的挂号费比普通门诊贵了约二十倍，有不少患者又是从外地远道而来，其间或许历尽千辛万苦。短短三五分钟的就诊，虽然直奔主题，得出了结论，获得了治疗建议，但对病人和家属来说确实会觉得不踏实。要知道，每个病人都会把自己的病情看得很复杂，医生快速地得出结论，反而让病人担心医生是否足够重视，有没有敷衍了事。如果医生能够关注患者的这种感受，多做一些解释说明工作，打消病人的顾虑，这种误会还是可以避免的。

黄色的医生，另一个较为常见的过当是有时可能显得过于强势（简单粗暴），这或许是决断力以及结果导向的过度表达所致。

我认识的一位黄色的医生，当遇到病情较严重的患者，会问三个问题："1. 想彻底看好吗？2. 我说什么你都照办，完全相信我做得到吗？3. 有花十万元钱的准备吗？"如果患者有一个问题有犹豫，他就坚决不收，让病人找其他医生看。有人问他为什么这样，他回答道："我希望每个病人都能放开手脚治疗，这样我的治疗水平才不会被打折。那些不能彻底相信我，或者没有资金准备的病人，会影响治疗的效果，也会影响我的治疗成功率。这不是浪费我的时间吗？"

如果这位医生学过性格色彩的话，他会了解到有些患者可能符合他的要求，却会被三个问题过滤掉，有的被他接受的病人却未必真的准备好了。红色和绿色都是最有可能满口答应的性格，但是红色有可能都答应了但未必就真的完全做好了准备，灵活机动，走一步看一步是红色的风格。

黄色比较喜欢这种简单直接的沟通方式，有可能立即表明接受或拒绝。然而对于蓝色来说，要在这么短的时间内做出这样的承诺是不容易的。蓝色将承诺看得很重，对事情想得也比较周全，因此回答不会像其他几类颜色那么痛快，但是一旦答应了却是会坚决地贯彻执行。黄色医生的强势过滤法，可以滤掉他不想要的病人，但也有可能过滤掉合适的病人。关于如何因人而异互动的话题，我们在后面还会谈到，这也是医患双方需要了解性格色彩的最重要意义之所在。

另外，黄色的理性有时也会让这一性格的医生显得比较现实、缺乏同情心。确实，由于理性和注重结果，对于无法影响自己结果的问题黄色不会太关心。

比如遇到经济条件较差，治不起病的病人，黄色或许不容易像红、绿、蓝色那样表现出强烈的同情心：一方面，黄色认为同情心不能当饭吃，还不如想想其他办法；另一方面，黄色会理性地意识到这就是现实，并不是凭一己之力就能解决的。但这并不代表黄色真的就没有仁爱之心，如果真的为病人发起捐款，黄色医生或许是出手最大方的那个呢。

绿色的医生

优势：

绿色的医生表现出最大的优势是让病人感到亲切，这种亲切在当前相互防备的医患关系中，显得尤为珍贵。当你和绿色医生打交道，一定没有和黄色医生打交道时的那种压力，并常能获得被关注被尊重的感觉。其实病人在患病过程里情绪常处于焦虑、沮丧之中，遇到一位温和亲切的医生，甚至会让人感到病痛都有所缓解。这种对人的好来自绿色内心对于他人感受的关注。长期的职业训练使得绿色医生处理病人和其他颜色差别不大，但在他们的内心，如同对待身边的任何人一样，本能地也不愿强势地违拗病人的意愿，决绝地和病人说"不"。

我儿子小的时候常常发哮喘，有一阵子常常咨询一位带有绿色的儿童呼吸科的专家。对于这位医生的印象，除了医术，更多的是他的同理心。他总是急人所急、想人所想，而且一切都发自内心，令人印象深刻。

一次当小朋友对于雾化吸入表现出极其恐惧和抵触时，我们不知所措地询问是否可以不做雾化。医生显得很为难，但每次都委婉地表示最好还是做雾化吧，效果会好一些。以我的"色"功判断，这已是这位绿色专家很强的坚持，于是不再犹豫，决定对孩子来硬的，毕竟治病要紧。这时医生突然说："我们病房里还有一台雾化机，要不上病房做吧。

门诊患儿哭闹的多，容易造成紧张情绪。"我问："我们不是住院病人，治疗费也交在门诊，病房的护士肯给我们做吗？"医生沉吟了一会儿说："也是。不过没关系，等会儿我会进病房，我来给他做吧。"后来小朋友真的在病房做了雾化，不久，症状便得到了缓解。

绿色医生的诊疗过程中常常会征求患者的意见，这一点让很多的患者感到非常受用，尤其是黄色、蓝色的患者。这种商量式的沟通，也源于该种性格对于人际关系的本能关注。在绿色医生的诊室，你可能会听到这样的对话：

"你的血液检测报告提示有细菌感染啊，需要用些抗生素。打几天针怎么样，你家离这里远吗？"

"我们家倒不远，但是最近工作很忙，能不能口服啊？"

　　"口服也是可以的，但是效果可能没有打针快。你能克服一下打针吗，就三五天。"

　　"医生，我最近真的很忙。既然口服也可以，我就口服吧。"

　　"好吧，记得如果吃了三天没有好转，一定要再来看啊。"

　　"好。谢谢医生。"

　　医生向病人清楚地表达了诊断和治疗意见，也关注了患者的意愿。在不违反原则的情况下，允许病人做出自主选择。这种沟通表现出医生对于病人意愿的尊重，很容易形成一种和谐关系。目前医生们都或多或少地接受各种与病人和谐沟通的培训，对于绿色医生来说这是与生俱来的。对于他们来说，更要关注的是把控好原则，对于那些没有商量余地的意见不能给病人可以变通的错觉。否则，这一优势可能会沦为过当。

　　和绿色的医生沟通是一件轻松愉快的事。他们愿意尊重任何人的意愿，不愿意与人发生冲突。只要不违反原则，他们都好商量。如果各位有一天面对绿色医生，需要留意的是他们的语言和神态。有时候绿色对于"不"的表达相当含糊，有时甚至让人以为"是"。

过当：

　　在接触性格色彩之初，我几乎认为绿色是不会过当的。如此亲切温和的性格，怎么可能给人带来伤害呢?随着"色"功的长进，渐渐地认同每一种性格都有过当，绿色也不例外。甚至对于医生这个职业来说，绿色过当带来的问题或许比黄色更加可怕。

　　绿色最大的特点是淡定，对他们来说仿佛世上没有大不了的事。这种特点有时是一种优势，使得绿色在任何时候都心态平和、从容不迫。可是一旦过当，尤其是表现在医生身上，就不好玩啦。所谓"急中风碰到慢郎中"，慢郎中就是最常见的绿色过当医生。

　　曾经听到这么一件事：

　　一天夜里一位孕妇出现分娩先兆，家人急急叫了救护车来到医院。值班的实习医生于是给上级医生打电话，上级医生正在抢救危重病人，得知孕妇情况还好，就说处理完危重病人后尽快过来。可孕妇很快就出现种种状况，每隔几分钟，家属就会急切地上前询问：

"大夫，咱羊水破了！怎么办？怎么办！"

"哦，羊水破了。知道了，别急。"

"大夫，见红了！你们赶紧处理啊！"

"哦，知道了。已经叫医生了，你们再稍等一会儿，别急。"

"大夫，快生了！你快给看看吧！"

"哦。医生还在病房处理病人，马上就来了，别急。"

当上级医师赶到的时候，病人家属已经快要把拳头抢在医生脸上了。气得上级医生直骂值班医生："你小子显得着急一点不行啊！"值班医生委屈地回答："我已经很着急了呀……"

绿色另一种较为可能的过当就是原则性不强。绿色因为不固执，通常人际关系较好。但是该坚持原则的时候不坚持，也会造成严重的后果。网上有一个案例，说一个病人因感染来到医院就诊，医生给开了头孢菌素针剂注射。本来按照规定要做皮试，可是病人说这个药自己去年打过不想做。医生起初根据相关规定要求做皮试，可是经不起病人的坚持最终同意不做皮试。谁知注射后不久，患者即出现严重的过敏反应，最终抢救无效而死亡。医院承担巨额赔偿，医生本人也遭受处分。尽管我们不认识这位医生，但如此没有原则之举实在就是大绿色的做派。注意要尽量避免与绿色强势地沟通，这有可能让绿色放弃立场，出现违反原则的情况。

绿色从骨子里不喜欢做决定的特点，有时也会让病人抓狂。

去年我摔伤了手，来到一家医院急诊，拍了片子发现掌骨有一道很小的裂缝。

我：医生，你看怎么办？

医生：看你这个情况，恐怕需要打根钢钉做内固定呢。

我：啊，还要开刀？这么小一条骨裂，有必要那么兴师动众吗？

医生：打钢钉会牢靠一些，最好要打。

我：医生，我最近真的很忙，打石膏行不行？

医生：呃……这样啊，要不给你打上石膏先看看，不行再说？

我：会有什么区别？

医生：可能会接不好，最终还要打钢钉。

我：那是不是一定要打钢钉？

医生：那倒也不是，这个不太好说啊。

我发现这位医生的态度比较不坚决，尤其是面对病人有所挑战时显得更加模棱两可，不愿做决定，显然是一位性格中有绿色的医生。想到可能要手术，出于慎重又去了另一家大医院咨询。这次遇到的是一位年轻的黄色医生，给出了我期待中的医生该有的回答。

医生：看你这个情况，需要打根钢钉做内固定。

我：啊，还要开刀？这么小一条骨裂，有必要那么兴师动众吗？

医生：有必要，手掌一直在活动，不容易接好。

我：打石膏不行？

医生：不行。你来我们这儿看，就应该相信我们。我给你开住院单，尽快住进来手术吧。

医生如此明确坚决，给我的可信度一下子提到了很高，我后来顺理成章地就在这家医院接受了手术。当病人自己没主意要医生明确拍板时，你一定会觉得平时强硬干脆的黄色竟然比随意温和的绿色更为靠谱。当我们面对态度模棱两可的绿色医生时，建议避免给他们过大的压力，鼓励让他们根据自己的治疗经验给出明确的建议。

经过上面的简单介绍，如果你对于以往认为千篇一律的医生、护士们有了不同的认识，恭喜你，你已开始拥有了"色"眼！这对于你以后和医生乃至其他专业人士打交道一定会有所裨益。

不过，营造和谐的医患关系光靠认识医生的性格是不够的。另一方面，你还需要认识自己的性格，懂得自己的性格的优势和局限，很多时候，有些患者的治疗其实是被自己的性格害死的。当然，还有你最关心的，应该如何和各种不同性格的医生打交道。关于这些，有机会再叙。

每一天，我们都在熙熙攘攘的人群中走过，
或流连，或匆匆，或擦肩而过，或驻足停留，
就这样，与你、与我、与他，交错着，纷扰
而过，日复一日。

无论你我从事哪个行业，只要我们存在着，
就会在某一天，某一刻，与他人交集。而在
这个过程中，通过性格色彩，洞察他人，洞
见自己，可以让我们和我们的生活，充满成
长的生机。

OCCUPATION
ARTICLE

职场篇

性格色彩最大的不同之处在于，
它不仅研究行为，
也研究动机，
这为我们理解同一行为背后不同的动机提供了可能。

如何帮助同事化解不同的心结

文 / 郭海燕

性格色彩认证培训师、高级咨询顾问

　　我是三年前开始接触性格色彩的，当时我已经差不多学遍了市面上能找到的所有性格或行为分析工具，总觉得那些理论对于我所在的零售行业的员工有些复杂。性格色彩令我眼前一亮，它最大的不同之处在于：第一，不需要讲太多的理论，直接讲故事就能切入主题；第二，它不仅研究行为也研究动机，这为我们理解同一行为背后不同的动机提供了可能。

大红色的老板让我抓狂

我从前的一个老板，大红色，几乎集合了红色所有的优势和过当。她曾经是个很优秀的销售人员，红色的热情、开朗、乐于助人、喜欢表达及强烈的感染力帮她赢得了很多顾客的信任，也做了不少大生意。她因此顺风顺水，在公司成立中国总部的时候坐了中国区的第一把交椅。可能是太顺了吧，她天性当中的红色过当也在她"一人独大"的环境里被发酵了：她完全不会控制自己的情绪，如果哪天没有听到她大声骂"Shit，你给我出去"，同事们都会觉得奇怪。她经常为一点小事就改变工作的重点和方向，弄得各部门跟着她疲于奔命。她的情绪变化无常，虎头蛇尾等，使她经常好心办坏事。

有一次市场总监刚休完产假回来，公司有个大型活动在外地举行。红色老板想当然地觉得她肯定不能参加了，就没通知她。活动期间，公司总部及世界各地的高层齐聚一堂，问为什么市场总监没来，老板说："哦，她要喂奶，来不了。"这话不知道怎么就传到了市场总监的耳朵里，市场总监非常气愤，来找我评理："我什么时候说我要喂奶不能去了，我带着孩子去行不行啊！她是想帮我还是想害我呀！"

市场总监是典型的红＋黄，红色的表现是要面子，很介意别人对她的看法，喜欢凑热闹；黄色的表现是求胜心切，坦率直接，为了目标不怕小牺牲。我知道，她把这次活动看成了一次与公司总部高层交流经验、建立感情的好机会，本来失去了这个机会她就很不爽，更何况还有可能被误解，她当然不能接受。

等她把情绪发泄得差不多了，我问她："你觉得老板害你，她能得到什么好处？"她的黄色马上发挥了作用，语气缓和下来："我知道她心里没想害我，但她也不能这么做事呀！"我顺势跟她分析了老板和她在性格以及行为上的差异，随后话锋一转："现在已经这样了，你再生气也是难为自己。何不想想办法弥补没参加那个活动的损失？"于是，我成功地帮助她把红色的情绪发泄转移到了黄色的达成目标上。后面的事根本不用我帮，她比我更知道如何才能弥补失去的机会。

销售总监是黄色，目标明确，行动迅速，独立性强，不情绪化。她一直非常鄙视老板的情绪化、随意性和莫名其妙地插手她部门里的各种小事。她知道自己也改变不了老板，就当面应付，背后自己做自己认为对的事情。于是俩人的关系一直很紧张，并明显影响到了工作。

终于忍无可忍的时候，销售总监问我有没有什么建议。我知道黄色不太需要情绪上的安慰，重要的是解决问题，就问她到底问题出在哪儿了，她给了我几个案例：

"先说第一件事吧，没有理由没有必要的变化太多太快。最近有个产品线卖得不好，老板要我放下已经定好的策略重点，转而处理那个产品线的问题，你说是不是短视？"我告诉她："红色很容易受环境的影响而变化，但变得快忘得也快，而且不会太坚持。你能不能这样，她让你办的事你找个下面的人去办，每周给她个报告。这样，你仍然可以把工作重点放在既定的策略方向上。"

接着又说了另一件事。"老板有时会因为一些很小的事情越级管理。前两天进店看到有个员工吃过午餐回来没补口红，她直接在店里骂了一顿。你说她有点重要的事情没有啊？"我告诉销售总监："这是红色不能自控的表现，其实她当时骂员工根本没过脑子。""问题是谁有工夫每天陪她不过脑子呀？每个人都有自己的责任范围，她给我这个职位就不应该插手我地盘的事情，更何况是这些不该她管的事情。"我就故意问她："你能拦着老板进店吗？"她说当然不能，我又问："你不能不让她进店，又控制不了她在店里发脾气，你能做什么？""那只能以后尽量陪老板进店，看到问题先发制人，告诉她我之后会处理。"

找到了解决问题的方法，黄色就很容易调整自己，达成目标。

当然这个方法并不治本，"本"在老板身上。其实老板每次骂了员工，她自己比挨骂者还难过。我也曾被她骂过，有一次她骂过我的第二天，拉着我的手眼睛湿润地跟我解释她的难过和后悔。我适时地运用乐嘉老师说的"钻石法则"对她表示了强烈的理解,然后问她:"你想改变这种状况吗?"红色对这种掏心掏肺的交流是没有抵抗力的,她马上表示"当然想"。于是我送了她一本乐嘉老师的书,她真看了,还找了我几次,问了不少问题呢。最重要的是,她最近不经常骂人了。

记得乐嘉老师教过我:红色"知易行难"。就是说,红色特别容易接受别人的观点甚至认错,但做事没有持久性。所以,虽然现在大红色的老板调去了总部工作,我们不常见面,但偶尔联系我还会问她修炼的进展。

有时候为了达成你自己的目标,你需要推动蓝色做决定

我们的仓库及物流经理是个大蓝色,具备很多蓝色的优点:仔细,严谨,有条理,遵守流程,坚持原则。她的性格挺适合她的工作,但最近她得罪了一大批已经离职的同事。事情的起因是这些同事买了公司的产品,到离职的时候都没到货。按公司规定,离职时还没收到货的按退货处理,只退钱不发货。而她的工作,就是负责通知财务该退谁多少钱。

本来挺简单的事,在遵守流程的蓝色那儿却变得异常谨慎:

首先,她要求每个部门安排一个负责的同事逐张填退货单。很多部门主管觉得这根本就是多余,人家申请员工内购的时候,你又没说不让买,还收了人家的钱。你要么交货,要么退钱,有什么必要再浪费人力、物力做重复性工作!实在要填退货单,也应该和物流部门统一填呀!大家有情绪,退货单自然填得断断续续。

其次,她一定要收齐所有的退货单再找老板统一签字。对所有格式不对的退货单,她要求退回去重填。因为总是有些部门的个别退货单不符合她的要求,所以其他填好的也不能送去签字。我曾经问过她:"这需要老板签吗?"她以蓝色特有的口吻回敬我:"为什么不用?万一出了问题谁负责?"我也提醒过她:"那要是签的话,能不能把填好的先送一批给老板签?"她说:"本来老板就不爽,现在离职的人这么多,要是我为给他们退款的事一次次去找她,万一她把不爽都撒在我身上怎么办?"我实在不知如何应对她的各种"万一",只好不再出声。

第三,退货单好不容易都填好了,而老板放假了。她觉得这又不是什么大

事，打搅了老板，"万一老板怪罪下来就不好了"……

各种阴差阳错，这件事便拖了4个月都没搞定。典型的蓝色过当就显示了：墨守成规，流程永远比结果重要，患得患失，行动缓慢。

离职的同事们一起找到我，我告诉大家，这就是蓝色呀！她考虑问题时永远有无数个"万一"在脑子里转。我跟大家说："你们要站在她的角度想出一个'万一'来，这个'万一'的后果要能压倒她所有的流程和现有的各种'万一'。"

大家想出来的第一个主意是她最怕出错，要是直接写封信给老板，告她一状，她一定会马上跟进。我觉得不妥，因为从蓝色的角度看，她没做错什么，就算跟进得慢了点，那也是各部门的配合不够。告状会令她觉得委屈，也不利于最终解决问题。

大家为此还热烈地学习和讨论了蓝色的特点，发现其实蓝色是有担当的人，"万一"别的部门插手，她会觉得人家在挑战她的工作能力。于是大家决定自己统计出一个名单和应退款金额，同时发给人事部和财务部，请他们跟进。果然，蓝色的她觉得这是她的工作，"万一"别的部门出面，她没法向老板交代，就硬着头皮自己给老板发了封邮件，没想到，还是前文提到的红色老板在度假期间回信说："这是公司政策，以后这种事直接退，不用问我。"一周之内，所有的退款到账。

我不知道，蓝色的她有没有从这件事里学习到什么，但我想提醒希望蓝色快点做决定的你：如果那个决定对你的意义重大，你就要想办法善意地推动蓝色。

给你更重要的工作，就是黄色对你最大的奖赏

前文提过的黄色销售总监，她有很多黄色的优点：结果导向，行动迅速，居安思危，不情绪化。销售团队的同事都觉得她有方向、有承担、有办法，跟着她工作特来劲。唯一不爽的是，销售团队多红色的同事，渴望被关注和表扬，而她又从来不表扬大家。这也是黄色的一大特点：她自己不是个纠结情绪的人，觉得生命的意义就是一个又一个地达成目标，达成了是应该的，有什么好表扬的！

　　有一次公司举办销售年会，在全年的销售竞赛中某区域全面胜出，一举拿下全部8个奖项。区域销售经理满心欢喜地希望销售总监在大家面前表扬他一把，没想到销售总监唯一的一句话是："明年你们还有潜力！"那个区的同事，在整个年会期间各种沮丧全部写在了脸上。

　　我看到大家的失落，就在之后两个月的时间里给销售团队安排了几场性格色彩的讲座，让大家了解顾客也了解彼此。我讲完黄色的时候问大家："你们看到你们总监最主要的性格特点了吗？她对你们最大的鼓励和表扬是什么？"同事们在欢笑和调侃中回答："给你更重要的工作。"一场误会在无形中就化解了。

　　事后，销售总监特别来感谢我："我知道他们背后说我是冷血动物，我无所谓。我觉得只要能带着他们做好销售，公司满意他们，又能多一些收入，他们一定开心。可是好像我的想法错了。"

　　我说："其实你没错，只是你不了解这个世界上还有很多人跟你的想法不一样。大家出来打工都是要挣钱的，但对于很多红色的销售人员来讲，钱一个月只发一次，而激励他们每天开心工作的动力还有你的鼓励和认同。"

　　"其实我一直希望找到有效激励团队的方法，没想到原来这么简单。"

"其实对于你来讲，要做到一件事情真的很简单，不简单的是认识到该做什么事。"

"现在我至少认识到该以员工喜欢的方式激励他们。"

与红色相反，黄色"知难行易"。让黄色认同一个观点不容易，但只要黄色认同了并看到了好处，黄色可以很快并持久地调整自己。现在销售团队里各种非物质激励项目层出不穷，我知道未必都是销售总监自己设立的，但一定与她个人的转变有关。

绿色能进Hi-Po（高潜质员工）发展项目吗？

我在公司里负责组织和发展员工，其中一个项目是高潜质员工的发展项目，就是从现有的员工中发掘高潜质的员工，经本人自荐及部门批准加入发展项目。项目期是12至18个月，过程中经历各种在职强化训练和脱产学习，之后多数都会升职。

前一段时间，我遇到一个案例是部门各级主管强烈推荐，可他本人没有申请。原则上，我不太接受这样的个案，因为员工能力再强，如果没有发展的意愿，一般发展效果不会很好。我向那个部门的各级主管表达了我的想法之后，他们建议我找那个员工谈谈。

谈话的整个过程是简单的一问一答式："你知道我们现在正在招募下一批'高潜质员工'吗？""知道。""你看到前几批同事的发展了吗？""看到了。""你希望像他们一样吗？""希望。""那你怎么没申请？""……""你知道你的主管和总监都推荐你了吗？""知道。""你觉得他们对你有什么期待？""……"

似乎他对发展项目并没有表现出太大的兴趣，对他自己被提名也没有特别欣喜。只是到最后我告诉他，我和他的部门对于他进不进发展项目有分歧的时候，他迟疑了一下说："那我还是申请吧。"很明显，他不希望看到人际关系的冲突。这是绿色最典型的特征：追求和谐，害怕冲突，知足常乐，为别人着想。我当时不太了解这个员工，但基于对绿色的了解，我预见到他可能也有绿色过当：得过且过，不愿表达观点和立场，无原则妥协，行动迟缓，等等。

我最后接受了这个员工，同时也告诉他的直属经理和部门总监，要准备好他的进度可能没有他们期待的那么快。

果然不出我所料，他开始的阶段比其他同事略慢。发展项目的特点是每个同事要制订自己的胜任力提升计划，我发现他不知道从何开始。我曾经想过放弃他，但我发现如果旁边有人帮他一把，把大的目标分解成他可见的工作任务，他是可以做得很好的。

项目结束时他告诉我，他这18个月最大的收获，除了学习到的领导技能，还有他更清晰地认识了自己，以及如何以自己的方式展现那些领导技能。今天，他在自己的岗位上，也可以是个称职的领导。

绿色经常被人误解为没有能力，其实他们只是安于现状。如果你能找到现状中需要绿色改变的部分，并明确地指出他的改变可以带来更大的人际关系的和谐，他们能做得很好。

管理者应懂得的员工挽留技巧

文 / 张林

资深色友、福建西闽科仪工业自动化集团总经理

上月，商务部某任要岗的新女员工，试用期结束后拒与公司续签正式劳动合同，并随即向我提出离职。

鉴于该员工已培训完结，并融入了公司的核心团队，我作为公司的负责人，考虑到再招人误时又费劲，故在收到离职信后随即进行谈话挽留，并试着了解她离职的真正原因。

谈话开始，员工告知原因有三：一、过往数月实习，多数不能按时下班，加班太多，太累，不是自己想要的；二、觉得未来的工资应比正式合同约定的要高三百，公司不答应，故要离职；三、咨询好友后，觉得目前的状态不是很开心，故想放弃。

了解完情况后，我估摸自己基本已掌握了局势，问："除了这三个原因，还有其他原因吗？"

"没有。"

"好的，那如果我告诉你，过往的三个月只是因为项目正好扎堆招标，并非常态，且通常公司还有补休制度弥补，你还对第一条有意见吗？"

员工做思考状，以沉默回答。

我接着问："好，那第一条暂时我们放在一边，由于你不是我亲自招聘的，我想了解下第二条的情况究竟是怎么回事？"

员工回答说："其实这一条是我没有同意签合同的起因。当时公司行政部招我进来时，说转正时就是我现在的收入要求，现在签合同时却降了三百，我觉得不能接受。"

当时我并不了解行政部是如何答应的，但感觉员工的说法在理，公司不能言而无信，于是我说："你的说法我感觉是合适的，不过我得多了解一下真实的情况，咱们再讨论好吗？但作为公司的负责人来说，你在过去的三个月确实表现得不错，在不违反公司薪酬框架的情况下，我不觉得多个两三百是个问题，请你相信我好吗？"

员工点点头，说好。

第三个问题是开不开心。我想这个问题她求助过朋友，应该是有被影响的结果。于是，我思考了一下，问："你能告诉我，在公司的时间，开心的有哪些？不开心的又有那些吗？"员工回答道："不开心的刚讲过了，主要是加班太累，还有就是工资问题确实让我产生了离开的想法，尽管我现在也知道没有实质的问题，但我这个人就是这样，一旦产生了离开的想法就想把它实现，我也不知道为什么会这样。"她低着头，面带思索，手指捉着衣角。一直反复强调自己就是这样的人。

我一边听，一边快速地在纸上将开心和不开心做着罗列笔记。

"那开心的事，你能帮我罗列下吗？"我问。

"有的。比如，目前的工作能展示自我；公司的团队气氛我觉得很融洽；能学到东西；公司也很重视我，让我在重要的岗位工作，也有业绩的收益空间，等等，还是有开心的地方。"沟通到这儿，我觉得自己应该可以说服她留下了，而且还有接待客户的任务，时间不多，于是我直接说："那你看开心和不开心的比较表，还想离开吗？"问这句话的时候，我突然觉得自己好像可以结束这个问题了，就满心欢喜地等待想要的答复。

可没有想到，员工并没有马上回应，而是沉默不语。由于时间问题，我决定让她再想想，次日再回复。没想到员工却说，她还是想要离开。临走时，她告诉我，其实一开始当我画开不开心比较表时，她就已经知道我在做什么和要做什么了。

那一刻，我是有沮丧和强烈的失败感的，觉得自己这么努力和严密的沟通，怎么就不能解决呢。当晚，我反复思考，复盘过程，思索自己失败的原因，仍是不得其解。

铺陈事理，再看结果

那几天，我总是想到性格色彩里曾经讲过，对于红色，影响其做决定的通常都是情绪。

面对红色的问题，应对其先解决情绪，后解决事情。而我在全过程中，由于黄色不太关注他人感受，只想急于解决事情，而对其情绪却始终没有具体的对应安抚。

于是，我做出个决定，请她吃饭，说："虽然你进公司才短短三个月，但我们大家都很喜欢你和你做的事，觉得你很认真、负责和到位，几个项目也先后中标，真的很棒！"

此时，可能是表扬的缘故，员工的面上是有欣喜的，嘴角微微上扬。

接着，我说："其实，我和大家都觉得你很不错，大家真的舍不得你走，希望你能留下。"对面的员工眼角微微泛红，我也觉得自己内心是想挽留她的，语气也平缓了许多。

"可我话都已经说出口了，这样大家会不会觉得我说了不做，会被人笑的，这样我觉得挺没面子。"

听到这句话，我感觉员工的立场有松动，马上接着说："怎么会呢？我和分管的副总都很喜欢你，大家听说你走，和你搭档的销售都说下周还要你帮忙，一起做方案和标书，留你都还来不及，大家怎么会笑你呢？"

这些话说出后，我可以感觉到员工的心态发生了变化，不那么坚决了，似乎沉浸在了过去与同事融洽合作状态的回忆之中。

先解决情绪，再解决事情

看到此景，我觉得情绪状态的问题已好转，接着说："快年底了，一般公司都不会在这个时候招重要岗位的人，现在走至少你先丢了眼前一个有机会的岗位。而且下一个工作，即使没有工资的问题，也许也还会有其他问题，如不能发挥自我能力、老板对你不器重等不确定因素，而且确定的是你都得重新开始适应，除非你能找到一个没有问题的完美公司。总之，下一个真的不一定就比现在好，你觉得呢？"

员工点点头，说是的。

接着我又说："我也问了HR当时的原话，是说公司正式的成熟的商务是这个工资标准，但不代表新的正式员工就能一下享受到这个标准，也许你把这句话当成是针对你的标准，是这样的吗？对于这一点，我觉得抱歉，HR没有帮助你理解到位，希望你能考虑其他员工的感受，不然老员工会觉得不公平，如果都因此走了，公司还是公司吗？不过，很显然，不久后你是有机会涨工资的，相信我！"

当晚，她回复，决定留下。

总结，前失败后成功的差别在于：之前，自己太急于解决事情和问题，先分析事情，忽略了感受。后者我是针对红色人重情感、关注自己的情绪来作为突破口，先牵寄情感，顾其面子，获得对方的情绪接纳后，及时引入正面信息，铺陈事理，助其看到后果，结合"钻石法则"及"美女与饿狼法则"①最终达成结果的。

---

①美女与饿狼法则：找到我们追逐美好的目标（美女）和规避严重的后果（饿狼）的内在动力，促使我们更有行动力和决策力。

谎言的背后

资深色友、某IT公司高级经理

当时狠点就好了

小Z在我团队里也算是老员工了，2008年刚入职时，他表现非常积极，深得大家的认可。记得当初小Z负责一个流量统计模块的开发，为了确保奥运期间能上线使用，在开幕式当天，他主动到公司加班一直忙到下午。

红色的我着实被他的表现所感动，为帮助他尽快提升薪酬，试用期过后，我安排了一个高难度的项目来锻炼他。

几个月后，我发现小Z出现了工作拖沓的现象，无论是日常工作汇报，还是提交代码，都需要在我的反复催促下才能进行。

起初，我还以为他是工作状态不好，想着过段时间就好了，所以也就暂且容忍着，没想到随着时间的推移，这种拖沓的现象变得越来越频繁和严重了。

这令红色的我极其恼火，从大声呵斥、严厉的绩效考核和内部通报批评，到晓之以理，动之以情，一对一沟通；从薪酬激励到尝试让他带团队。

可以这样说，近三年来，我是煞费苦心啊，把自己所能想到的办法都用了，可谓软硬兼施，为此还借鉴了大量的国外领导力知识，但终不解的是：这些手段通通就好像打到"水"上一般，完全不起根本性的作用。即便稍有改善，也维持不了多长时间，甚至偶尔还会出现，分明是任务进度没达到我心中的预期标准，可他向我汇报的时候却说完成了。等我抽查的时候，结果全露馅了，所有这些都让红色的我倍感挫败、愤怒和苦恼，同时也给团队项目进展带来了很大麻烦。我也曾几次考虑过：是否要通过人员优化方式将他从团队中淘汰掉，但红色又让我下不去手，毕竟他跟我一起共事这么多年。

唉，有时也感慨，我要是"狠"一些该多好啊。

永远不懂着急的人

参加性格色彩领导力课程培训后，我一直在思考：小Z是个纯绿色吗？

基于以下三方面我排除了这种可能：一是他平时对手机、IT类的新技术和新产品蛮感兴趣的，也愿意尝鲜，很多新知识他懂得比我还多。就拿微博来说，他算得上是最早的那批用户了，他玩微博的时候，我还不知道啥是微博呢；二是对于老乡聚会、公司俱乐部、业内技术大会，他也经常乐此不疲地主动参加；三是平时在部门里，他挺乐意主动帮助别人的，如果下班早的话，他还会做饭，第二天带来当午饭。

这样看来，他不是个纯绿色，性格中应该有红色。

但我同时注意到，他虽然工作拖沓，但是来公司这么多年，遇事几乎没发过脾气，即便是被人误会了，他也不当面发怒或当面做过多解释，顶多事后找我说一说。这些外在表现又似乎符合绿色。会是红＋绿或者绿＋红吗？我在问自己，他这些绿色行为背后的动机究竟是什么？是一个纯红色在我长期的批评打压下的麻木、消极、无所谓吗？（至少，我过去一直是这么认为的。）还是真的是绿色天性中的拖拖拉拉？

在无数次回忆间，我突然发现了两个很关键的细节：一是除了工作外，其实他平时生活中也挺拖拖拉拉的；二是他做事拖沓是有选择性的。

就拿去年6月份的一件事来说吧，当时阿里巴巴在杭州组织了一个互联网运维高峰论坛，我作为演讲嘉宾应邀出席。在出发前一周，小Z无意间提起，他通过官网报名获得了免费参会的名额，正为要不要自费去而犹豫不决。

得知这一消息时，我很惊讶，因为此会的名额很早就被预订一空，以小Z的拖沓风格，他是很难抢到票的。仔细一问，原来他在一个多月前刚看到会议消息时，就悄悄报名了，这完全不像他的风格呀，真是奇怪呀！

红色的我当时心想："难得你这么积极一次，既然你有心去，我就帮你一把。"于是我立马找到大事业部总经理，帮小Z争取到了公费差旅的机会，得意扬扬地把这个消息告诉小Z，并告诉他：现在大事业部的费用控制得很严，其他部门有好几个同事想公费去，领导都没答应。

其实我的言外之意就是：你看，我在领导那儿多有面子。说是帮别人，其实就是为了让我自己开心，看到他特开心时，我也特开心，凸显了我是典型的红色。

我本以为他会第二天一早立马去买火车票，没想到这家伙居然不着急，红色的我看着都替他着急，隔天就催他，他总说不着急。后来我得知，出发和返程的票他都是当天才拿到手的。转眼到了春节，办公室的同事都忙着提前订火车票，唯独小Z最不着急。

追求和谐的绿色

为了洞察清楚他的真实性格色彩，我约他在一间独立的会议室进行了单独沟通。

考虑到他性格中有红色，而红色抗压性比较弱，待他落座后，我没有像过去一样，坐在位置更高且正对着他的那把椅子上，而是和他同坐在一张沙发上，侧着身子交谈。

"我很关心你的工作情况。"我用比平常低很多的声音开场，"春节后，我使用了一系列的高压政策，来抓你的工作饱和度和进度，我自己也知道这种高压政策不宜长期使用，并且也不能解决根本的问题。今天想跟你聊聊，咱们共同找到工作拖沓的深层原因在哪里。"

小Z的表情看起来还很自然。

我接着说："你知道最近我为何在工作饱和度、工作量方面管理得比较严格吗？"

小Z说："跟互联网行业整体有关系吧，包括公司的营收压力。"

我说："没错，这是一方面，你觉得还有其他原因吗？"

小Z答："其他的没有了吧，不太清楚。"

小Z的这个回答完全出乎我的意料，但也让我嗅到了他身上的一点点绿色气息。

之前我曾在小组例会上三令五申，小组去年的业绩不佳，如果再继续像过去那样松散下去的话，会很危险，同时也曾明示过，今年有可能会淘汰掉表现不好的员工。从他回答时的肢体动作和语音语调看，他真的不是故意想气我，很有可能是绿色在过去面对我的高声训斥时的"自动屏蔽"所致的。

由于懂得性格色彩，所以我没有像过去一样愤怒，和颜悦色地低声跟他把相关背景再次讲了一下："在工作方面，你觉得有啥不爽的，或者觉得我们可以一起改进的？"我继续发问。

小Z说："最好一个功能模块就包给单独一个人来开发，不要多人开发一个模块。"

我没有反驳，我问："能给我讲讲，你觉得这样有什么好处吗？"

小Z说："可以避免互相之间的交错，要不挺麻烦的。还有，我觉得讨论方案的时候，还是不要像现在这样，每个人的细节都在会上集体讨论，最好各自先把自己那块的细节规划好，然后再集体讨论。要不然讨论的时候，你说你的，我说我的，彼此对其他人的东西也不了解。"

小Z的回答，其核心思路是，各自管好各自的，互相交织的部分尽可能少一些，要不然会增加麻烦。

这让我再次嗅到了一些绿色的味道：怕麻烦，怕冲突。"了解。"我没有高谈阔论我的观点，而是话题一转，抛出了另外一个问题，"我问一下，你从小做事就不着急吗？"

小Z说："差不多吧。"

从他微笑的表情来看，他不是很排斥这类问题，回过头来想，我当时应该继续让他举个小时候的例子，但是我没有。我试探性地问道："那你父母的性格如何？"为了不引起他的反感，我启发式地说，"比方说，我父亲就属于做事比较急的那种，说干啥恨不得立即行动。"

小Z依然面带微笑地说："可能我爸属于不着急的，我妈则比较着急。这点我像我爸。"

"其实有个问题我一直很好奇，我发现你买火车票似乎从来也不着急，你能说说你是怎么想的吗？你不怕买不到吗？"我半开玩笑地问。

小Z笑了笑，说："我是觉得，反正也买不到卧铺票，那就不着急呗。"

在买火车票这事上，红色的我无论如何也不能这么淡定。人和人之间的差别还真大，我三度嗅到小Z的绿色气息。

"明白，蛮佩服你的。好了，回到正题吧，我发现你在办公室里很少跟人发生冲突和争执。比方说，上次××跟你说了一些过激的话，你也没多回应，要是换作是我的话，当场就跟他嚷嚷起来了，你能说说你的秘诀吗？我在办公室有时会控制不住，得跟你学学。"我之所以这样说，是因为抓住小Z带有红色，给予认可、赞美来激发他说出心里话会更有效。

小Z果然说出来了，他说："我觉得又不是特别要紧的事，没必要争执，我最怕大声跟别人说话了。"

在和他对话的过程当中，我发现小Z身上绿色的味道越来越浓，比如说害怕人与人之间的冲突。现在回想起来，我当时应继续追问，在他心目中，什么叫特别要紧的事，但是我并未想到这一层。

当时我说的是什么呢？我说："这点，我好佩服你！"

说实话，我是由衷地佩服呀，红色的我，要能有他这心态，该多好啊。

随后的问答中，我越发注意降低分贝，采用更加柔和的方式问道："对了，你知道吗？春节后有两次你让我特别生气，你知道是什么事情吗？"其实，我暗指有两次分配给他的任务，由于他把大量时间花在了刷微博上，结果耽误了很多时间，没能如期达成目标。当时为了杀一儆百，我还把相关邮件抄送给了我的上司。

小Z的眼神中立马流露出了一丝惊讶，之后一脸茫然地说："不太清楚。"

如果是过去的话，红色的我当时一定会出奇地愤怒，还好现在懂了性格色彩，想到了"钻石法则"。好吧，其实这样的回答对绿色来说也正常呀。而且从语音语调和肢体动作上再次判断，他没有撒谎也没有故意气我。于是，我更加柔声细语地跟他讲了一下是怎么回事，随后问道："上次你看到我把邮件抄送给总监后，当时啥感想？"

小Z很坦诚地说："还好吧，也没啥感觉。"

我说："在我布置任务后，你通常都不会立即动手做，而是上网刷微博或者逛购物网站好几个小时后，才开始做，你能跟我讲讲是什么原因吗？"

"有两种情况：一种是碰到技术性难题，我觉得光盯着屏幕想也实在想不出来，那就边上网边想吧；另外一种是接到任务后，我会大概估计一下需要几个小时，比方说两个小时，那我就先不着急做，等下班前两小时再动手。"小Z说。

"那你有没有遇到过，自己的估计失算，也就是说，实际的任务远比你想象的要复杂，导致你没法按期达成？"

小Z忍不住笑了，他说："以前也有过，那只能自己加班忙到很晚。"

我不禁感慨，绿色的想法真是太简单了，居然能这么安排工作。如果要是真能两小时完成，我干吗给你预留那么多时间啊？

小Z继续说道："还有，如果我提前做的话，可能做的过程当中还需要等其他接口人完成后才能继续，与其坐在那儿干等别人，索性不如到后面再做。"

我问他："那你怎么没想过去催对方，让对方早点完成相关的接口？"

小Z说："我觉得不太好催别人吧。"

对于小Z这样的回答，我只能再次感慨绿色追求和谐的理念。

这么交流就对了

几个回合下来，我确认他性格中的确有绿色的成分。但以我现在的功力，还无法确认他是红＋绿还是绿＋红。接下来我尝试着看能不能影响他。

我根据"钻石法则"中对待绿色的启发式提问："你看，××部门是大家公认的特有活力的团队，你每次路过他们工位的时候，有没有注意到他们都在干啥？"

小Z想了想说："好像都在忙忙碌碌，有时好多人凑在一起讨论问题。"

我："说得好，没错。那你有没有注意他们的电脑屏幕上都显示的是啥？"

小Z："代码或者命令。"

我："对，非常好。你想想，如果是领导和周围同事路过咱们工位的时候，总是看到咱们在刷微博，是不是有可能会觉得咱们的工作不饱和，工作不积极呀？"

小Z点了点头。

我说："没错，问题麻烦就麻烦在这里。你想想，你呢有时在刷微博，虽然实际上我知道，你脑子里想的是技术方案，但是路过的领导和同事可不知道这一点哦，这样难免会让领导对你有些偏见，有偏见不要紧，关键是你还得老被领导叫去做解释，多麻烦啊，你说是不？"

（关键点：首先，不否认他看微博时脑子里在想技术方案，也不对他这种"思考技术方案"的方式是否合理进行随意批判。二来，绿色其实不怕别人误解他，所以对于误解，轻描淡写一句带过，但重点要放在这样做的后果是给他带来不必要的麻烦，这是抓住了绿色怕麻烦这一点。）

小Z若有所思地点点头。

我继续乘胜追击，进一步放低声音，用极其缓慢的语速说："你再想想，你总是拿到任务后不着急做，然后刷微博看网页，其他同事看到后，会不会也跟着效仿呢？大家群起效仿的话，后果可想而知。而我呢，最近正在整顿纪律，处于'杀鸡给猴看'的阶段。你想想，对这种现象是该管呢还是不管呢，我如果真管的话，那抓不抓你呢？毕竟你跟我三年多了，如果我不管的话，我向上级交不了差呀。有的时候我也很难啊。"

在这个时候，抓住绿色害怕给别人带来麻烦，同时，由于放慢了语速和声音，所以不会让小Z感到是批评。同样的话，如果是像机关枪一样"嗒嗒嗒"地一连串讲出来，那给小Z的感觉是截然相反的。

小Z沉思了片刻，说："的确，这我以前真没考虑到。"

我说："你想想，如果尝试着适当改变一下自己的习惯。把原来后置的任务提早进行，这样不仅可以提前完成任务，关键是还可以避免因自己考虑不周全，导致加班加点干活甚至无法按时完成任务，何苦给自己找那么多麻烦呀。"

小Z说："其实我最近也在努力改。比方说，现在跟朋友周末聚会的时候，我都会跟他们讲好，我要是迟到的话，我请吃饭，哈哈。"

由于前几天已经对他最近的工作内容进行了详细分解和时间点约束，所以在此次谈话中没有再重复，我笑了笑，说了声："加油。"

谈话在一片愉快的氛围中结束。

谎言的背后

这么多年来，跟小Z大大小小的沟通无数，唯独这一次才真正深入到他的内心世界。沟通不在于次数，而在于深度，唯有走进内心深处的沟通才有效。

一个红色的上级，一个带有绿色的下属；一个做事风风火火、热情十足，一个拖拖拉拉、害怕冲突；一个心中怒气冲冲，一个却不知所以。

回首过去，在没有"钻石法则"的指导下，我在小Z的工作安排方面犯了很多次"用人不当"的问题。对待绿色，需要把目标分割成多块，需要给出详细的框架，而我却屡次让他独立负责整个项目；绿色天性追求和谐，做事拖拉，害怕冲突，而我却安排他带领小团队，在我要求对开发人员施加工作压力时，他总说："不要催促他们，不要打扰他们，让他们慢慢做。"

我上午下达的紧急指令，会拖延到下午才被传达到具体工程师那儿，有时我实在急得不得了，就直接去找工程师下命令，他当时也不会有什么反对，只是事后会跟我说："最好是要么你直接下发指令，要么交给我下发，要不大家都挺乱的。"过去听他这么说，我还挺不爽的，心想："你要是能迅速下达我的指令，我怎么会干涉呢？你执行力差，不检讨自己的行为，反倒埋怨起我来了。"现在想来，小Z之所以这么说，完全是性格中的绿色"怕冲突"的天性使然。所以，当时安排他单独带团队本身就是一个失误。

那么，小Z为什么有时会在进度方面对我有"撒谎"的现象呢？

　　我觉得有两方面的原因：一来绿色处理问题的想法非常简单，同时又害怕冲突，所以可能会选择"撒谎"来躲避掉马上到来的"冲突"；二来，对待同一任务什么叫完成的理解上，不同人有不同的理解。在我看来，可能没必要交代细节，或者说，我认为："我不说，你也应该知道，一份设计文档需要详细到什么程度才叫完成，丢掉这么多细节那叫完成吗？"而绿色的小Z会认为："像这样的细节，根本没必要在文档中写出来吧。"所以，就出现了在小Z看来已经完成，而在我看来根本就没达成的情况，从而让我以为小Z在"撒谎"。

未得知的谜题

　　似乎到这里，真相已经大白，但我觉得远远没那么简单。

　　小Z的做事拖沓，似乎与纯绿色还是有差别的，小Z在对自认为有把握的事情上，会表现出拖沓，比如日常工作，但对于没有把握的事情，表现得还是比较积极的。比如前面提到的预订会议门票。我还不确定，这点微小差别是否与他性格中的红色有关系。

　　来公司这么多年，小Z在办公室里遇到别人误解他的时候，基本没有当面发过火，但有时也会私下里找我说明情况。这点微小差别，是否也与他性格中的红色有关系？

　　小Z究竟是红＋绿还是绿＋红呢？这点我还区分不大清楚。

　　相比纯绿色的话，红绿混合的人要想改变拖沓习惯时，会不会更难一些呢？我是这么想的：本来绿色天生就有不愿改变的特点，当通过影响，好不容易准备改变自身时，如果他性格中还带有红色的话，红色的"做事有头没尾，不能坚持到底"的弱点，又会不会在一定程度上让他更难将"自我改进"坚持下去？

让你的销售笑傲江湖

文 / 杨杨

性格色彩认证培训师、默克化工技术有限公司销售经理

为什么有的销售经验在某些客户身上奏效，却在另一些客户身上一败涂地？客户的性格不同，关注点也不同，因此销售需要有针对性。

一个销售高手，应了解红色顾客对赞誉是没有抵抗力的；蓝色顾客格外注重逻辑性和缜密性；黄色顾客需要过程中的控制感；绿色顾客则希望获得更多的支持和帮助。最成功的销售高手会针对不同性格色彩的客户，制定不同的销售策略，并在实际中运用。

对于不同性格的客户，如何针对性地建立关系，明确需要，沟通时有何特别的注意点，如何成交，后续服务应注意哪些？

红色

特点：

通过人的关系来达成任务，自我控制力弱，外向、乐观、热心、大方，注重人际关系，情绪化，自我评价很高，喜欢吸引大众的注意。

与红色客户沟通要点：

1. 重视前期与客户建立关系和好感，努力找到与客户的共同话题。
2. 给客户表现的舞台，营造一种快乐的气氛，保持热情的态度，随时赞美客户。

3. 多谈论客户的梦想，少谈具体的细节部分，控制好销售沟通的节奏，切忌跑题太远。

4. 谈论知名客户（成功案例），提供证据来支持你的话。

5. 当下尽快推动成交，以防红色变化无常。

6. 常和客户保持联络，带客户参加各种活动。

case: 做好观众，让红色顾客快乐表现

建材超市内。

销售人员：这款德尔地板是最新到的，卖得特别火，您看……

顾客：德尔？噢，我知道，不就关之琳做的广告吗？你们为什么请关之琳做广告呀？关之琳是老星了……

销售人员：请谁做广告那是公司的事，我们也没权决定。再说了，公司请关之琳做广告，总有公司的考虑。（顾客显然意犹未尽，销售人员不等顾客表达完，就抢过话题，担心顾客的话题偏离销售太远）其实，能够买到称心如意的地板才是关键。您看这款新品，颜色花纹都很精致……（销售人员极力介绍产品优点，但顾客对产品的兴趣还是没有打开）

顾客：请关之琳做广告，我们消费者还得为关之琳付广告费！（强行把话题又拉回到关之琳的广告主题上来，欲再表现一番）

销售人员：请谁做广告还不都得花广告费，不单单是请关之琳呀！（也毫不示弱）

顾客：我才没傻到为别人花冤枉钱的地步！（丢下销售人员扬长而去）

分析:

红色顾客爱说、爱表现，而且自我控制力弱，说话凭感觉，表现欲强，以自我为中心，他们追求的是舞台表现。

对待红色顾客，不用在讲话的具体内容上与其较真，而且顾客也不是认真的，重要的是他表现时，销售人员要给予良好的配合，当好观众，边听边笑边点头，辅以一定的肢体动作，为其创造表演舞台，让他们热情高涨，待其表现一段时间后，找机会顺势介绍产品，推销成功率会大大提高！

销售话术改进：

顾客：德尔？噢，我知道，不就关之琳做的广告吗？（顾客抢过话题）你们为什么请关之琳做广告呀？关之琳是老星了，人气已大不如前。我告诉你，要想飙升人气，你们得请章子怡，章子怡多牛，国际巨星！

销售人员：噢，是呀。先生真是个既爽快又风趣幽默的人，下次公司讨论请代言人的时候，一定要请您去参加，为公司出谋献策！（笑出声，对接待红色的顾客，此时一定要笑出声，笑得越甜、越真，他们就会越来劲）

顾客：那是，我的建议保管有效！上回我不是建议通灵首饰请高圆圆做代言人吗？看，《南京！南京！》火了，高圆圆火了，也火了通灵首饰！

销售人员：是吗？你太有才了！（睁大眼睛，吃惊地）其实，德尔地板重要的不是请关之琳做广告，重要的是它独一无二的猎醛技术，这项技术能够主动截取空气中的甲醛，让您的家居空气更安全、清新！（待顾客表现到一定程度后，找准机会，巧妙转移话题，把谈话重心引导到产品上来）

顾客：是吗？什么是猎醛技术？（由于顾客的表现欲得到了一定程度的满足，加上销售人员的顺势引导，顾客开始对产品产生兴趣）

蓝色

特点：

注重细节，能以知识和事实为依据来分析掌握形势，守时讲信用的完美主义者，有敏锐的观察力，讲究事实和证据，客气礼貌，精确，喜欢批评。

与蓝色客户沟通要点：

1. 列出详细的资料和分析，沟通前准备好常用数据。
2. 列出自己提案的优点和缺点，举出各种证据和保证，客观回答客户的提问，切忌夸张和做无法做到的承诺。
3. 在客户没有提出反对意见之前自己先提出，并给予合理的解释。
4. 沟通时注意逻辑性，切忌想到哪儿说到哪儿。

case：以专业打动蓝色顾客

保健品销售专区，一大约40岁的知识女性在认真、仔细地挑选保健品。

销售人员：大姐，您好！买保健品？

顾客：（不答话）

销售人员：是自己吃还是送人的？

顾客：（还是不答话）

销售人员：大姐，您看这盒西洋参口服液卖得挺好的，大品牌，真材实料，吃了有效果，也放心！（见顾客的眼光落在西洋参口服液上，销售人员随即介绍）

顾客：（持续无反应）

销售人员：大姐，要不您看看这个产品，心源素，养心健脑、延缓衰老，特别适合像您这样工作压力大的知识分子服用！（销售人员拿下产品，递给顾客）

顾客：哦……（终于开口，接过产品）

销售人员：您看配方，西洋参、三七、五味子、VE，每种都是珍贵补品！对于头晕、失眠有很好的作用！大姐，您睡眠好吗？

顾客：（放下产品，无表情无语言，离开了保健品专区）

销售人员自言自语：真难侍候，半天不说一句话，一看就不是来买东西的！

分析：

从其行为表现来分析，该顾客"冷静，不喜欢说话，很难让人看懂，不太容易向对方表示友好，敏感"，可推断出该顾客的性格可能有蓝色。

销售人员由于不会阅人，销售语言条理不够清晰且没说到该类顾客最关心的数据、资料分析，自然打动不了顾客。另外，蓝色的顾客较敏感，不喜欢别人探究其隐私，故销售人员直接提问：大姐，您睡眠好吗？这明显不妥！

销售话术改进：

如果在顾客接过产品后，销售人员用有条理的语言给其介绍产品（其一，您看配方：西洋参、三七、五味子、VE，科学配伍。其二，西洋参的作用……三七的作用……五味子的作用……其三，各成分相互协调，先清后补），且不探究其隐私（对经常出现头晕、睡眠不足的人有很好的调理作用），用理性分析和尊重给顾客留下好感，则顾客有可能提问（先清后补？先清什么？后补什么？）。

让蓝色的顾客开口，参与到对话中，销售就成功了一半。

黄色

特点：

喜欢当领导者并掌握主动权，重视结果，作风强势，有力，直接，快速（讨厌浪费时间），没有耐心，高度自信，要求高，果断，负责，争强好胜。

与黄色客户沟通要点：

1. 说话做事等不拖拉，直截了当，简洁明了。
2. 表现专业形象，对于客户提问，明确表示自己可做主并解决。
3. 提供数据和事实资料。
4. 谈判中，明确给出对等的谈判条件，切忌无原则地让步。
5. 沟通中避免直接的对立和不同意，可适当示弱。

case：示弱于黄色客户

一大卖场，某保健品促销导购与一欲买脑白金顾客的销售对话。

一个30多岁的男性顾客，大踏步地直接来到保健品柜台前，拿起脑白金就走。（注意其行为：动作大、目标感明确，讲究效率，果断、直接）

销售人员：先生买脑白金呀，它只管睡眠的，你睡眠不好吗？（说话直接、果断，还略带强势的质问）

顾客：我当水喝，可以吧？！（语气生硬，厌烦销售人员直接拷问的销售方式。到此，销售人员如意识到客户是黄色，应马上变逞强为示弱）

销售人员：您别当水喝呀！这水也太贵了呀！你倒不如看看金日心源素，它解决睡眠问题可以治本。

顾客：我就要脑白金了，就不要金日心源素，（招呼其他导购）给我拿两盒脑白金，帮我提到收银台！（顾客的声调提高了八度，语气强硬，支配欲大增）

分析：

1. 促销导购缺少亲和力，开场在没了解顾客需求的情况下匆忙销售，且语气较硬，直接质问顾客，使顾客反感。

2. 第一句话说出后，从顾客的回应可以基本揣摩出顾客的性格有黄色，不喜欢被别人支配，可惜销售人员仍没有调整，继续按自己的销售思维销售产品，故导致销售失败。

销售话术改进：

销售人员：先生买脑白金呀，它只管睡眠的，你睡眠不好吗？

顾客：我当水喝，可以吧？！

销售人员：噢，先生说话真有趣，脑白金当水喝，您真是第一人。（马上调整说话方式：微笑，轻松带调侃式地跟进）

顾客：我就要脑白金，帮我拿两盒。（听到销售人员的上番话，顾客语气不会像上例那么强硬，但性格使然，说话语气仍显命令式）

销售人员：好，大哥，我帮您拿，看得出来，大哥是个爽快人！大哥一定在哪儿做老板吧？这么干脆、果断！（与黄色沟通要点：示弱、让其支配，然后静观顾客反应，再见机行事。帮顾客拿上两盒脑白金，边走边聊）

把脑白金当水喝呀！真有你的！大哥何不找一种您当水喝时搭配的主食？心源素由内调补，加上脑白金的强力助眠，效果更佳！（表现自己的专业形象，更易打动对方）

顾客：哦？是吗……

整个销售话术通过示弱展开，以自身的专业形象打动顾客。

绿色

特点：

和气友善，优柔寡断，可靠，很好的听众，喜欢在固定的结构模式下工作，不喜欢改变和订立目标，不喜欢麻烦别人。

与绿色客户沟通要点：

1. 对他表达个人的关心，以轻松的方式谈生意。

2. 帮助客户明确其购买需求，并告诉客户你能提供帮助。

3. 了解其起步慢而且会拖延的性格，并以安全为最主要的目标，鼓励性推动客户成交。

4. 提供特定的方案和最低的风险，传递给客户：我们的产品是最适合的。

case：用轻松的语言鼓励绿色客户

一对母女在挑选保健品，比较了好几个厂家的产品，销售人员已为其介绍了5种滋补保健品，每介绍一种产品，顾客都客气地点头说好，但左好右好，总是拿不定主意。最后，女儿终于为母亲挑中"虫草鸡精"，女儿正欲去付款，母亲又犹豫了。

母亲：闺女，不要了，太贵，一盒一百多呢！这可是我一个星期的伙食费！

（母亲推托，女儿也有点犹豫了，销售人员见状，微笑着上前）

销售人员：阿姨，您真有福气！女儿这么孝顺，别人大多是自己到商场买一些保健品，也不知道父母适不适合吃！您闺女就不一样，亲自带您来精心挑选！阿姨，真美慕您！（赞美中暗暗推动鼓励，一推一鼓励，帮助她拿主意，做决定）

大姐，您真孝顺，也很有眼光，冬虫夏草的确具有"补肾益肺"的功能，对老年人的腰也有强壮作用！（转向女儿，赞美中再次暗暗推动鼓励，二推二鼓励）

女儿：是吗？！

母亲：东西是不错，可价格高了。（语气不再坚定，信心开始动摇）

销售人员：阿姨，女儿有这个孝心，您就给她一次机会，成全女儿的孝心，否则女儿也会难过的！（三推三鼓励）

母亲：您真会说话，那就买吧。时间不早了，我们来超市都1个多小时了，赶紧回去吧！

销售人员：好的，我拿一个礼品袋给您装上，大姐，您对您母亲这么好！我加送你们一盒赠品吧！（微笑，再顺势送上本来就配备的小礼品）

分析：

1. 销售人员找到了绿色顾客（多犹豫、决策慢、优柔寡断）的心灵按钮（多用赞美、鼓励性的语言推动）。

2. 善于分析顾客的购买心理，清楚成交的障碍首先来自母亲，故先对母亲鼓励推动说服，再对女儿鼓励推动，语言层次分明。

3. 如果开场以"买我们的产品还有赠品加送"来吸引顾客，一来不会从根本上燃烧顾客的购买欲望，二来对赠品的"加赠"价值没有挖掘到位，顾客自然不会珍惜！而换作顾客购买之后"再加送赠品"，则会使顾客觉得物超所值。

招聘面试中的快速找人法

文 / 岳磊

性格色彩认证演讲师、 国内某管理咨询公司合伙人、人力资源经理人

HR知多少

　　为了能够招聘到相对更加合适的人才，现在越来越多的企业在招聘管理过程中，会使用一些职业测评之类的工具，以更加准确地对应聘者的性格特质与岗位需求匹配做出判断。性格色彩工具作为时下非常流行的测评工具之一，越来越多地被企业的HR们所熟知并应用。

　　我从事人力资源管理工作多年，之前招人基本上所有的面试都是结构化面试，也很少用到测试工具。后来慢慢地发现，所招聘的人员进公司工作一段时间后，有的难以融入到团队中，有的与岗位的匹配度不是太高，等等。这样类

似的问题也让我认识到了，我们通常的面试一般考察的是人的知识、能力、经验，这只是冰山露在水平面之上的部分，而对于深藏在水下部分的比如人的心态、动机、特质等方面，我们却很难发现。

这也是有的新入职员工，没多久就会因为适应不了工作、环境等而离职的主要因素。恰巧有机会学习了性格色彩，我强烈地意识到，人的性格因素就是冰山水下部分的重中之重，于是，我就把性格色彩工具逐渐应用到了招聘管理中，从岗位设置、笔试、面试到试用期管理等多个方面，或多或少都渗透了性格色彩的应用，从而使得公司招来的人才能够很快适应公司的文化。

我越来越感受到性格色彩工具对我工作的莫大帮助。这次，我主要想跟大家分享一下我们在面试过程中是如何运用性格色彩的，以后如有机会，我也会逐渐跟大家分享性格色彩在人力资源多个模块的应用。

一般情况下，在面试之前，我们会先安排应聘者做一份性格测试问卷，然后再安排进入面试阶段。在面试过程中，运用性格色彩，可以帮助我们对应聘者前面测试结果的准确性做再次确认，同时可以再次深入把握应聘者的性格及个性与应聘岗位性格特质要求的匹配程度。

我将会在这篇文章中与大家分享性格色彩理论在面试当中的应用。

对性格颜色的简单分辨

当我们打电话通知应聘者面试时，我们可以通过打电话的细节，来对应聘者的性格颜色做一下简单的判断。

比如，当通知人对应聘者说"您好，某某先生，请于明天上午九点来公司面试"时，请注意应聘者的回答。如果是非常果断而简单地回答"好的"，而且没有任何问题，很有可能是黄色；如果很高兴、很兴奋地回答"好的"的同时，还会跟通知人攀谈一会儿，有时甚至会谈一些与面试无关的事情，而且如果过一段时间又打来电话确认面试时间的，那这个应聘者很可能是红色；如果通知人说完后，应聘者会谈一些关于面试的详细问题，如再次确认面试时间、面试地点、面试注意事项，等等，这个人很可能就是蓝色；如果是很轻柔、和善并且语速较慢地回答"好的"，同时也没有什么其他的问题，一般来说应聘者可能是绿色。

当然，以上的情况对于典型的四种颜色性格来说，我们较易判断，如果是个性修炼得比较好、职业化程度较高的应聘者，我们很难在此环节判断出他的性格特质。

表1：不同性格特质的应聘者接到电话通知面试时的区别

性格特质	回答特点	备注
红色	高兴、兴奋地回答；与通知人攀谈；甚至谈与面试无关的事情；过一段时间再次打电话确认面试时间	以上情况对于典型的四种颜色性格来说，我们较易判断，如果是个性修炼得比较好、职业化程度较高的应聘者，我们很难在此环节判断出应聘者的性格特质。
蓝色	谈一些关于面试的详细问题，如再次确认面试时间、面试地点、面试注意事项，等等	
黄色	直接、果断地回答，没有任何问题	
绿色	轻柔、和善并且语速较慢地回答，也没有其他的问题	

接下来，面试当天，所有通知到场的应聘者会按照约定时间来到公司。如果有迟到的，那最有可能的是红色；如果是非常准时，甚至是卡着面试时间点来的，很可能是蓝色；如果公司面试还未开始，应聘者聚集在会议室里，最先打破沉默的肯定是红色，最能聊天的也肯定是红色。相对而言，因为红色和黄色较外向，所以他们会说得较多，而蓝色和绿色因为比较内向，所以他们的语言会很少，甚至是一言不发，等候面试。

表2：不同性格特质的应聘者面试前的表现

序号	回答特点	备注
红色	有迟到现象；众多应聘者聚集在会议室等候时，最先打破沉默；最能聊天	红色
蓝色	卡着时间点来到公司	蓝色
黄色	众多应聘者聚集在会议室等候时，说话相对较多	红色 黄色
绿色	众多应聘者聚集在会议室等候时，语言相对较少	蓝色 绿色

面试沟通的过程，是我们测试应聘者性格特质的又一重要环节。其主要方法是与应聘者沟通，向应聘者提出问题，通过观察其回答问题的方式、方法、思路等多个方面，来进一步判断应聘者的性格特质。

一般而言，面试开始，面试官都会让应聘者做一下自我介绍。

不同性格特质的应聘者，回答的内容会有不同。

红色的应聘者，自我介绍会非常丰富，花边较多，有关无关的都会扯进来，时常夸耀一下自己的成绩，内容很可能是想到哪儿说到哪儿，缺乏条理性；

黄色的应聘者，自我介绍肯定是简单、明了，几乎没有一句废话，说话的语气自信、坚定；

蓝色的应聘者，自我介绍非常有条理性、有系统性，介绍完后会问一下面试官，"您对我的自我介绍还有问题吗"或者"还有什么需要我补充的吗"等类似问题；

绿色的应聘者，整个介绍都很平稳，没有其他典型颜色具备的特点，如果在介绍过程中面试官打断他，他会极具耐心地倾听面试官的问题，然后慢条斯理地回答问题。

表3：不同性格特质的应聘者自我介绍的区别

性格特质	自我介绍的区别
红色	自我介绍会非常丰富，花边较多，有关无关的都会扯进来，时常夸耀一下自己的成绩，内容很可能是想到哪儿说到哪儿，缺乏条理性
蓝色	有条理性、系统性，介绍完后会问一下面试官，"您对我的自我介绍还有问题吗"或者"还有什么需要我补充的吗"等类似问题
黄色	简单、明了，几乎没有一句废话，说话的语气自信、坚定
绿色	整个介绍都很平稳，没有其他典型颜色具备的特点，如果在介绍过程中面试官打断他，他会极具耐心地倾听面试官的问题，然后慢条斯理地回答问题

对于应聘者的结构化面试以及其他考察关于应聘者工作经历、能力及专业素质等方面的沟通，我们也可以从沟通中应聘者自始至终表现出的沟通特点来做判别。

面谈过程中：典型红色的沟通特点，说话少经大脑思考，脱口而出，回答问题不精练，而且花边较多，想到哪儿说到哪儿，有甚者答非所问，如果被问到很熟悉或者特别擅长的问题，可能会滔滔不绝地说个不停；

典型黄色的沟通特点，目标明确，直奔主题，开门见山，回答问题思路清晰，简明扼要，语言强势，在一些问题的观点上会主动说服或影响面试官，当面试官询问他们还有没有其他问题的时候，会迫不及待地向面试官提出问题；

典型蓝色的沟通特点，回答问题系统性、层次性较好，有时会有不知不觉的说教和上纲上线，对于面试官提出的问题思考时间会相对较长，对于自己认为原则性的问题不会妥协，擅长谈具体操作的细节，不擅长谈战略思路，缺乏大局观；

典型绿色的沟通特点，平静温和，慢条斯理，沟通中遇到矛盾时尽可能避免冲突，注重双赢，让人感觉舒服不压抑，善于倾听，极具耐心，不会拒绝他人，对于有些问题可能会无原则地妥协，无论对职位和公司是否满意，表面上都不会显露失望和抱怨的情绪，面试官如果提出建议和批评，不会当场反驳。

表4：不同性格特质的应聘者在面试过程中的沟通特点

性格特质	面试过程中的沟通特点
红色	说话少经大脑思考，脱口而出，回答问题不精练，而且花边较多，想到哪儿说到哪儿，有甚者答非所问，如果被问到很熟悉或者特别擅长的问题，可能会滔滔不绝说个不停
蓝色	回答问题系统性、层次性较好，有时会有不知不觉的说教和上纲上线，对于面试官提出的问题思考时间会相对较长，对于自己认为原则性的问题不会妥协，擅长谈具体操作的细节，不擅长谈战略思路，缺乏大局观
黄色	目标明确，直奔主题，开门见山，回答问题思路清晰，简明扼要，语言强势，在一些问题的观点上会主动说服或影响面试官，当面试官询问他们还有没有其他问题的时候，会迫不及待地向面试官提出问题
绿色	平静温和，慢条斯理，沟通中遇到矛盾尽可能避免冲突，注重双赢，让人感觉舒服不压抑，善于倾听，极具耐心，不会拒绝他人，对于有些问题可能会无原则地妥协，无论对职位和公司是否满意，表面上都不会显露失望和抱怨的情绪，面试官如果提出建议和批评，不会当场反驳

用理论去证实

在前面，我们所提到的那些过于片面，所判断的性格色彩的分类并不是完全准确，那么，我们还可以在面试过程中，穿插一些能够更容易判断应聘者性格特质的问题。

这里我想通过应用性格色彩设计的两个问题来做详细说明。

第一个问题：如何把生鸡蛋变成熟鸡蛋？请描述一下具体场景。

典型红色的回答可能是，先把生鸡蛋洗干净，打碎，放点葱，然后点火，待炒锅烧热后，放油，油热后，将打好的鸡蛋液放到锅里，"刺啦"一声，再翻炒几分钟，掌握火候待鸡蛋变黄时，差不多鸡蛋就熟了。

我们可以看出，红色听完问题后几乎不假思索，脱口而出，描述了一番炒鸡蛋的过程，而且中间会有活灵活现的描述，脸上还会有丰富的表情。

典型黄色的回答可能是，把生鸡蛋加热后就会变成熟鸡蛋了，回答简单明了而直达目标。

如果是典型的蓝色，在回答此问题时，可能会先问问题，诸如"您说的熟鸡蛋是指煮熟、炒熟还是煎熟的"之类的问题，不问清楚，他是不会轻易作答的，或者他会将几种能想到的方法，一一都说清楚，并且他的回答思路清楚、有条有理。

如果是典型的绿色，则会慢条斯理地把他想到的答案叙述出来，不会有前面三种性格那么明显的特点，回答完后可能会问一下，"我的回答您觉得可以吗"或"我的回答还有什么需要补充的吗"类似的问题，以此来跟面试官保持良好的关系。

第二个问题，某日你正在听一个上百人的演讲，离演讲师不远处的宣传大屏幕突然倒了，你会有什么反应？不需要考虑扶不扶等因素。

我们可以分析应聘者的回答内容及思维方式、方法等的不同：如果是典型红色，他的反应可能是，突然大叫"大屏幕倒了，大屏幕倒了"，典型红色喜欢新鲜，喜欢突发事件，他觉得好玩；如果是典型黄色，他的反应可能是，当机立断下决定，噌地就站起来，让大家不要吵，然后给老师热烈掌声，让老师继续讲；如果是典型蓝色，他的反应可能是，分析一下怎么会倒呢？刚才不是好好的吗？什么问题呢，不是三角最稳吗？这个安全隐患一定得找到原因，防止以后再次发生；如果是典型的绿色，他的反应可能是，这么多人，肯定有人解决，我等着就可以了。

当然，诸如此类问题我们还可以举出很多，对于性格色彩初学者，建议在面试应聘者时可以在中间按照这两个问题去询问，并观察每个人的回答。而如果当你深入学习了性格色彩理论，并能够一定程度地运用时，你就可以从洞察应聘者心理动机的角度自己设计问题了。

这里有一个问题必须指出，这种开放式的问题一旦提出，我们得到的答案一定会不止以上四种形式，这就需要我们在熟练掌握性格色彩理论的同时，能够灵活分析应聘者的答案，并及时调整问话技巧，得到你想要的或你能够做出判断的答案。

如果还是达不到目的，必要时我们还可以将可能的四种情况向应聘者说明，让应聘者选择其中自己倾向的一个答案，由此帮助我们再来做判断。

以上环节中的性格色彩应用，并不是对于每个人员面试都要去应用的，要看具体需求岗位的设置和重要程度，而且也不一定每个环节都非要应用，比如你已经在前几个环节就能做出判断了，就不一定再问后面的问题了。这一点大家需要灵活掌握。

如何将理论学以致用

举一个具体的例子说明一下性格色彩在面试中的应用吧。

我公司技术中心下面某产品事业部准备招一名工程师，此岗位原来的人员没干多久便提出了辞职。我们对于此岗位要求进行了分析，从专业要求到团队成员的性格特质，这个事业部有九个人，部门经理是红色，一个技术文员是红＋绿，一个项目主管是红＋黄，其余几个工程师以蓝或绿为主，辞职的这个工程师偏红色。

经过一番分析，我们发现在技术相当的情况下，这个岗位，对于性格特质为蓝或绿色的应聘人员可能会更加合适，而且稳定性也相对较好。因为这个职位当时招得比较急，所以前期我们也就没有安排性格测试，就直接筛选了一些简历进入面试阶段。

有两名应聘者是我亲自打电话通知的时间，印象比较深刻，为了方便描述，暂且一个称之为小王（女性），另一个称之为小李。

在我说完来公司面试的时间后，小王比较爽快干脆地回答"好的"，之后就没有什么交流了；而小李在回答完"好的"之后，又问了我两个问题，一个是公司的位置在哪儿，一个是坐几路车能够过去，大概多长时间。我回答了他，接着他又说了一句话："我会尽量准时赶过去的，因为我住得比较远，万一晚几分钟没事吧？"初步判断，小王是红或黄，小李是蓝。

两位应聘者是按照事先约定的时间分别来公司面试的，小王迟到了五分钟，来到我办公室时还有些气喘吁吁，能想象得出她急着往公司赶来的情景。进我办公室之后，她把包直接往会议桌上一放，当时是我、事业部经理及一名工程师三个人一起做的面试，她的那个包放的位置刚好有些挡着事业部经理的视线了，她当时也没发觉。我提醒了一下后，她才把包放在椅子上，有点粗枝大叶的感觉。小李提前了几分钟到的公司，在进办公室坐下来准备面谈之前，我还注意到他看了一下手表，估计他心里想，还蛮准时的，还好没有迟到。

自我介绍环节，两个人的结构大致一样，从某某学校什么专业毕业，工作了几年，主要的工作职责，等等。

但是从内容上讲，小王的自我介绍里，关于上学时拿到的奖项、工作后获得的荣誉，这两项说得比较多，而且脸上洋溢着灿烂的笑容，同时，在介绍的过程中，偶尔会有抓不住重点的现象，比如她说到在学校里学的课程时，几乎把所有的课程名称说了一遍。而小李的自我介绍没有明显的特点，这里就不多说了。

紧接着就是结构化面试了，我们会问一些常规问题，比如，你的优缺点有哪些？你认为过去的工作中，最大的收获是什么？为什么离职……这些问题都是根据岗位预先设计的，当然有些专业问题是现场随意提问的，根据应聘者对这些问题的回答思路、内容等方面，我们对应聘者做出分析判断。

在沟通的过程中，两个人都有一些明显的特点。在我问到"你认为过去的工作中，最大的收获是什么"这个问题时，小李先问了我一个问题，"请问您说的收获具体是指哪一方面的？"我说"随便哪一方面的都行，只要是你认为工作中的收获就可以"。他这才想了一下开始回答，第一点：我独立完成了一个什么项目；第二点：提升了自己的专业能力和综合素质，回答得很有条理。小王回答这个问题时，重点谈了获得了公司的技术标兵称号，又描述了一下当时是做了什么、怎么做的，最后在谁的指导下又改进了什么，说的内容里还有一些花边，说到获奖时感到非常荣耀。

再比如，问到这样一个问题——当你的领导在一次会议上当着大家的面批评了你，批得很厉害，但实际上那个错误并不是你犯的，你会怎么办？

这是一道压力面试题，考察的是应聘人的沟通协调以及情绪控制能力。

在回答这个问题时，明显能感觉到小王有些情绪在里头，"如果我没有犯错，领导为什么会批评我，我肯定会跟领导讲这不是我的错。"我紧接着跟了一个问题："如果现场他不听你解释，就是说你错了，而且还训斥你，说你要是再顶嘴明天就别来上班了，你会怎么办？"她说："实在没有别的办法，那我明天就不来了，我先炒了他的鱿鱼！"

　　我心想，要么她确实心理素质不够好，沟通能力欠缺，要么她就是没有经过职业训练，对于此类问题没有做过准备。

　　而小李对于此问题，回答得还算可以："会上我不会说什么，如果确实不是我的错，我相信领导会最终发现不是我的错的。"经过几轮问题下来，基本上也就能够判断了，小王主色是红色，小李主色是蓝色。

　　经过这样的面试，我们一共面了十个应聘者，最终挑出来技术还可以而且偏蓝色的候选人三个，然后我们再同技术总监商量一番，从经验、专业技能、薪酬要求等综合多方面因素选择了一个最终的候选人上报分管副总审批。

　　以上这个例子，就是我在实际招聘面试中是如何运用性格色彩工具的，希望对大家能起到一定的帮助作用。

　　最后，在面试中的性格色彩应用方面还有两个问题必须说明：

　　第一，当我们在测试应聘者的性格特质时，如果遇到应聘者有两种相对主要的颜色，那我们一般会以这个应聘者的主色为主要研究对象，辅色作为辅助参考选项，具体考察到应聘者个体差异时，要针对每个职位以及个人特点再去做最终选择。

　　第二，性格测试与结构化面试的关系问题，两者是相辅相成的关系，我们在实际招聘过程中，尤其在一些关键岗位及管理岗位上，两者同等重要。作为人力资源工作者，必须把握好两者的关系，才能为企业找到真正需要的综合素质强的优秀人才。

幸福的人，
是能够从容应对生活和职场中的矛盾与波折，
并洒脱自在。

学着用性格色彩去洞察他人，
应对职场的纷纷扰扰，
做个幸福的人吧。

EMOTION
ARTICLE
情感篇

每个人来到世上，
不管你知不知道，
愿不愿意，
人生都是一场修炼。

每场爱情都需要修炼

文 / 邢宏伟

中国性格色彩培训中心资深导师

人生最玄妙的事

Leona和Mick认识十年，交往十年，中途曾短暂"分手"。分手一词，Mick认可，Leona并不认同。对于交往细节，二人的表达也有"出入"。这是一对各有各的立场和观点的情侣，却依然走到了一起，而且，一走就是十年。这份功绩，源于女方的坚持和男方的包容。情侣或夫妻的相处之道，实在是人生最玄妙的事。

从两人的访谈中，初步判定Leona为红色，Mick为蓝色。

Leona28岁，身上的红色特征主要体现在人际关系中的积极主动、热情、开放、依赖性强；在生活中不拘小节，心态乐观积极，追求自由；在交流中，轻松幽默，乐于表达，情感丰富而外露。

Mick30岁，身上的蓝色特征主要表现于在人际关系中的谨慎、坚守原则、追求完美；在生活中高度自律，默默付出；在沟通中，原则性强，不易妥协，比较挑剔。

从两人恋爱到婚姻的历程来看，恋爱始于红色Leona的一见钟情和主动出击，过程中，尽管有父母的反对，但是红色Leona欣赏Mick的稳重、幽默，依赖Mick在生活上对自己无微不至的照顾，享受着Mick对自己的包容，这些使红色的Leona感到满足。因此，与其说是Leona在坚持自己的选择，不如说是Mick在用行动巩固自己的阵地。最终，Mick征服了Leona的父母，但两人之间因为性格的差异，红色的不拘小节与蓝色的严谨自律经常发生冲突。好在有红色大大咧咧的性格，不记仇，而且不能因小失大，亏待了自己的胃，这样乐观开朗的心态，加上蓝色虽然追求完美但也不会一时意气用事，谨慎地对待彼此的感情，乐于默默地付出，从而很好地维持了二人的婚姻生活。虽然也有不和谐音，但二人有追求美好爱情的目标为动力，都在有意无意地进行着自己性格方面的调整和修炼，所以都不会轻易破坏现有的平衡，能够保持婚姻在磕磕绊绊中仍旧一路欢歌，步履坚实地前进着。这个过程，一方面在成就爱情，同时也在修炼着自己的个性。

爱情修炼法则：性格是上天的礼物，个性是今生的成果。每个人来到世上，不管你知不知道，愿不愿意，人生都是一场修炼，唯一的区别是：我们是清醒地主动修炼，还是糊涂地被动修炼。有一个汉字"囚"，集中揭示了性格与个性修炼的关系：第一种糊涂、被动的修炼，会让我们"不识性格真面目，只言生在性格中"，要么自以为是，要么被性格驱使、扭曲，始终做了性格的奴隶。第二种清醒、主动的修炼，会让我们逐渐认识并承认自己生活在一个性格的"口"中，并努力不断突破，最终做自己性格的主人。人生的修炼方方面面，其中爱情的修炼往往最为集中和持久，而且影响深远，往往成为一个人以上两种个性修炼的分水岭。

缘分的按钮

Leona和Mick是老乡。两人是在大一时的迎新聚会上认识的。那天是中秋节。Mick恰巧是Leona喜欢的类型，Leona和我说起这段回忆时，脸上带着笑，她说："我喜欢浓眉大眼的人——所以我忽略了他的身高。那天他唱了一首梁朝伟的歌，打动了我，但是真的不记得歌名了。那一刻，是我们开始的时刻。"

我问Mick："你们是一见钟情吗？"Mick想了下，回答了我："我们不算一见钟情。谁追谁？难说。按理说，她是比我要主动。当时我觉得她人不错，挺温柔的。"

在恋爱开始阶段，红色Leona的率性、积极主动，启动了两人之间缘分的按钮，让蓝色的Mick在不知不觉中就被Leona锁定，而蓝色又比较容易被红色的热情、活泼开朗所吸引，因此，两人顺理成章地就开始了。

但是对于两人确定关系的理由上，红色和蓝色的区别就非常明显了。

红色的Leona追求并享受一见钟情的甜蜜和刺激，不需要具体的理由，只要我喜欢，我就要，这就是红色的可爱之处，单纯而美好。而蓝色的Mick不可能迷迷糊糊地就把自己的终身大事给定了，在一起要有在一起的理由，而且要明确且充分，因为Leona的"人好、温柔"，所以就选择了。因为正确，所以选择，体现了蓝色的严谨、慎重。

红色爱上蓝色的几大理由：

1. 很细心很会照顾人，令人感动。我爱喝面汤，有一次喝面汤，很烫很烫，你就用另一只碗倒，一口一口地晾着给我喝。

2. 有责任感。有一次我问你，我死了，你会不会哭啊？你对我说："我不会哭，但是我会把你的丧事办得很好，而且会照顾好你爸妈。"对于后半句话我很满意，对于前半句话我相当不满意（你怎么就不懂得哄哄我啊）！

3. 考虑问题很周到，你总能想到我没想到的地方，让我惊讶，虽然有时候你发言慢了点儿，但你总能说出我们这一帮人都没想到的方面。

4. 你语重心长地给我出主意想办法，一副爱怜的语气（教育人的语气就不要了）。

蓝色爱上红色的几大理由：

1. 喜欢你乐观积极地面对烦恼纠结，永远一副天真烂漫的样子。

2. 生活中总是能想出那么多新鲜而浪漫的点子，给我原来沉闷的生活添上了彩虹。

3. 有爱心。家人在一起时，因为有你的出现，就像冬天的屋里多了一个小火炉一样温暖。

爱情修炼：

红色面对爱情，热烈心易发，恒久心难保。需要修炼的核心是：如何把一见钟情的热情，平衡持续成持久稳定的相知相伴，相敬如宾。蓝色面对爱情，细腻持久是与生俱来的特质。需要修炼的关键是：如何珍惜每一个当下，花开堪折直须折，莫待无花空折枝。

恋爱当中主动的重要标志

在我问出"认识之后，第一个电话是谁打给谁的"这个问题的时候，两人的回答有所不同。

Leona说："我觉得是他打给我的。那个年代的女孩，都有一点矜持吧，不会主动打给男生的。"

Mick说："第一个电话是她打给我的。当时她约我和一个我们都认识的人一起去玩。就这么熟悉了。"

恋爱当中，第一个电话的问题，是两人谁先主动的重要标志。

通过两人的谈话，可以确定第一个电话是Leona打给 Mick的。这符合红、蓝交往的规律，红色一见钟情后，就很难再把持住自己的情感，顾不上女孩子的矜持和两人之间的权衡较量，一心想的就是怎样尽快捅破那层窗户纸，尽情享受美好的爱情生活。因此，红色Leona会制造机会与Mick见面，增加对方关注自己的机会，让关系尽快明确。

那后来他们两人是怎么确定恋爱关系的呢？

Leona告诉我，Mick带她去书市，在一个公园里。那天他骑着自行车带着她。他们只是确定互相喜欢，就确认是恋爱了。时间应该是在认识两周后。

而Mick的回答是，两个人在认识半年之后，他们去看一个同学回来的路上，他骑车带着她——当时感觉很浪漫，确认了恋爱关系。但是他们在大学没有发生关系，还是学生嘛，能去哪儿，也没有钱。

在确定恋爱关系的问题上，红色Leona对细节的记忆已经很模糊，而Mick却把时间、地点、起因、过程、结果都记得清清楚楚。这体现了蓝色的细腻和严谨，每一个决定背后都有严密的逻辑和深思熟虑的考量。红色更多注重的是感觉和效果，蓝色注重的更多是精准和原则。

爱情修炼：

主动热情是红色的优势，但是如果不能随时洞见并主动修炼自己，红色会热情过度，让蓝色觉得不够稳重，同时也会给对方造成情感压力，所以红色核心修炼法则用一个字概括：定——定而后能安，安而后能静，静而后能虑，虑而后能得。

沉着冷静是蓝色的优势，过头了也会给红色的伴侣造成死板较真，冷漠无趣的不良感受，可能影响到双方情感状态走低，进而一触即发；所以蓝色的爱情修炼法则用一个字概括：活——既要有滴水穿石的坚韧与忍耐，更要修炼小桥流水的叮咚欢快。

争吵原是寻常事

恋爱当中的人，当一见钟情的交集甜蜜逐渐淡化的时候，双方因为对各自性格的不了解，用自己原有的标准衡量对方，就会发生很多不理解，Leona和Mick也会因为一些事情发生争吵。

在吵架的原因上，有父母的原因，也有两人性格的冲突。红色Leona在生活中不拘小节，不爱收拾，而蓝色Mick更注重细节，喜欢生活的方方面面都整整齐齐、有条不紊，这就使得红色Leona在蓝色眼里成了不折不扣的破坏者和践踏者，这会极大地激起蓝色Mick的不满和反弹，会让两人的关系在看似的小事中爆发大的冲突。而在吵架过程中，蓝色最擅长的就是冷战，尤其是跟红色吵架时，一方面懒得吵，另一方面觉得说了红色也听不进去，说不清不如不说。而这种冷战恰恰更加激发了红色的怒火——完全找不到吵架的快感，一拳打出去，没人接招，这比被对方一拳打死还郁闷，至少给个痛快的。

因此，越是蓝色冷战，越是红色拼命地作，说话越来越难听，人不说话就摔东西，总要给自己一个发泄的渠道，否则红色会被活活憋屈死。而红色越是发泄情绪，蓝色就会更加觉得对方不可理喻，会对红色更加冷漠，有时甚至到不会正眼看一眼对方。

同时，因为蓝色更坚持，红色为了无法容忍烦恼太久，往往情绪发完就会妥协，争吵的结果表象上多是以蓝色胜利告终。但是长此以往，会给红色埋下逃离压抑的种子。

爱情修炼：

红色和蓝色的共同特征是情感丰富，这个特点让他们成为情绪化的高发者，所以红、蓝在情感中的冲突，表面上谈的是事，更多时候是情绪化发作，但是因为红色的情感外显，蓝色的情感内敛，冲突中红色会表现得爆发力更强，但持久性较弱，蓝色相反，短时间内爆发得不一定很强烈，但是一旦陷入情绪化之中可能会逐渐走低，且不能自拔。爱情修炼法则：随时洞见自己的情绪走向，到底真的是事情需要处理，还是自己已经被控制为情绪化的奴隶？如果把情绪化比作掉到河里了，第一步不是解决事情，也不是解决别人的问题，首先要做的一定是自己先上岸，否则只会使大家都越陷越深。

分手于他们而言

他们在吵架的时候也说过分手吗？

Leona告诉我，她曾说过分手。但是没觉得他们真正分过。其实她很依赖Mick，她甚至根本不知道分了手之后她该怎么办。

Mick告诉我，他比Leona高一届，其实一毕业就分手了。那个时候他就不主动联系她，而且当时工作也不顺利，所以也没心情谈恋爱。后来他在西安外派一年，给Leona打了一个电话，重新建立起了联系，就算复合了。

在吵架说分手的问题上，红色Leona说过，但是没真当回事，说了就说了，一时图个痛快，说完就拉倒，日子照过。这源于红色的易冲动和口无遮拦。而说分手却不真分手的原因，是红色的依赖性，包括情感上和生活上。一方面，两人之间已经建立起的深厚感情决定了红色很难从情感里独立起来，分开了反而让红色无所适从；另一方面，在生活上，蓝色最擅长也最喜欢照顾别人，甚至是无微不至的，这让不拘小节的红色更加失去了独立的生活能力，离了蓝色，可能就生活很难自理了。

因此，红、蓝之间一旦分手，红色有可能面临毁灭性的打击。因此，一般情况下，红色不在万不得已的情况下，不会轻易离开蓝色。而蓝色的Mick在分手的问题上，更加地理智、慎重。蓝色一旦经过深思熟虑，确定分了就是分了，复合就是复合，界限明晰，理由充分，没有灰色地带。除非蓝色是因受到欺骗或伤害等原因导致的被迫分手，而感情并没有破裂，那可能会使蓝色陷入更深的情感沼泽地。

爱情修炼:

就依赖性而言,红色的最强,不仅在做事情方面有依赖,同时在情感方面也有依赖。相对来说,蓝色在情感方面依赖性很大,而在做事方面独立性很强。所以,面对爱情,红色需要修炼的是加强自己做事方面和情感方面的独立性,避免因过分依赖给对方造成太多的困扰,更重要的是让自己逐渐担当,只有独立才能谈得上互赖,复杂只能叫无赖。蓝色需要修炼的是做事方面的灵活性,避免在爱情中过分坚持自己预设的规则,小题大做,使双方陷入讲道理的泥潭中恶性循环;同时修炼情感方面的独立性,避免一旦情绪低落,耿耿于怀,不断放大,越陷越深。

恋人的优点和缺点

在家务活的分配问题上,Leona表示,她什么活都不干,包括洗衣服、做饭、换床单都是Mick来做。Leona说,Mick做饭很好吃,她经常建议他去开个私房菜。是他抓住了她的胃。

Mick十岁时就一个人独立了,不在父母身边。恋爱时,他们本来是说要分担家务,但是最后发现实行不下去。

家务活的问题上,红色Leona很显然比不上有条理、爱干净、追求完美的蓝色Mick,这也恰好让红色找到了推卸家务活的理由,而蓝色的Mick自己干得好,Leona做的家务活肯定入不了蓝色Mick的眼,那么与其让红色怨言满腹地干着一塌糊涂的家务活,还不如自己发挥优势,多快好省地打理家务,自己也乐在其中。

Leona喜欢Mick的幽默。她说看到Mick的一张脸就觉得很搞笑。在一起生活非常有乐趣。

而Mick则喜欢Leona的聪明。

对于优点,红色Leona第一考虑的是自己感受的满足,不知道为什么,就是一见他就想笑,因此,他的那张搞笑的脸就可能成了Mick的优点,因为能给红色带来快乐。而红色追求自由,不愿意被束缚,这也是对自己感受的强调,蓝色的Mick也不是急功近利的人,一切都喜欢按部就班,按计划行事,因此,不会给Leona施加压力,让Leona自由自在地享受生活。而蓝色的Mick在说起

Leona的优点时，理智、客观、字斟句酌，又一次体现了蓝色的严谨和条理。

那么，他们又各自有怎样的缺点呢？

Leona说："如果说优柔寡断有点过了。但他在我面前是个不太喜欢做决定的人。有的时候因为一件事我们会互相问：你觉得呢？不是说B型血有选择障碍症吗？我们俩都有这样的问题。"

Mick说："懒。不爱干净。"

对于缺点，红色Leona的描述也是体现了红色在沟通上的感染能力和形象性，不仅要把心里的感觉有声有色地描述出来，还会把各种东西关联起来，强化自己的观点，而蓝色不会在语言里加入过多的花边，简洁而且明确，是蓝色追求的目标。从内容上来看，通过Leona的描述，可以看出Mick身上的蓝色普遍存在的过于严谨而导致优柔寡断的特点，想得多，而且要反复地想，多方论证，这就必然会降低效率，有时还会错失良机。

感情要磨合，不满要妥协

至于平常生活里经济开支怎么支配，Leona的回答是："各花各的。可能我会花他的多一些。我们也会因为这个吵架。比如买大件我觉得应该花他的钱，他倒是觉得应该一人一半均摊。我们当时买房子时，也是两个人共同负担。"

在经济开支问题上，蓝色Mick的立场很明确：我可以占大头，但是有一个原则不能破坏，那就是经济大权不能失控，这个原则不能破坏。而红色天然就有一种"我的就是你的，你的就是我的"的气量，不愿意把你的、我的划分得那么清楚，最好是放一个地方，大家一起用。因此，红色Leona比较难以接受经济上的AA制。

在对彼此未来的期望值这个问题上，Leona表示希望Mick能再强势一点。毕竟是男主外女主内，男人强势一点，女人就会觉得更有安全感。Leona自己本身是个比较独立的人，当然希望自己的另一半会比自己更强。

Mick则表示希望Leona可以把缺点改掉，勤快点。

在对未来的期望上，红色Leona的表达很笼统，很模糊，而蓝色Mick简明扼要，一针见血，目标明确。这也是红、蓝之间很明显的不同。红色喜欢说得大而全，而结果可能是让人摸不着头脑，蓝色缜密的思维、条理的表达决定了在交流时的简洁和明确，不会用花边点缀，一语中的。而红、蓝之间的这种不同，并不是说蓝色就一定优于红色，有些场合，蓝色的这种交流方式容易产生人与人之间的距离感，失去更多的交往机会，而红色却能展现自己的亲和力，让人觉得更加亲近，愿意深入交往，因此，各种性格没有绝对的好坏、对错，只有差异，没有优劣。

爱情修炼：

不同性格的人，都会本能地以自己的已知和利益目标为标准来评判身边的人和事，如果不能深刻地洞见自己内心这种完全利己的自私，所有的所谓爱情的行为，其本质都可能只是一种利益的交换，希望达到一种平衡，这样就只有三种可能性：第一，达不到自己想要的，失望、抱怨、痛苦；第二，暂时达到了平衡，提出更高要求；第三，达到的平衡很快被打破，更加失望，更加抱怨，更加痛苦，循环往复，无穷无尽。修炼法则：经由洞见的前提下，要想得到，打个颠倒，不断扩大自己的心量，争取暂时放下利己，努力洞察对方性格需求，尝试理解他人，并为对方付出更多，进而跳出自己性格的牢笼，做性格的主人。

Leona和Mick，应该是大千世界决决情侣中，最常见的一种搭配：有感情，有磨合，有不满，有妥协，最终彼此接纳认同。双方最初的矛盾源于女方父母的反对，这种矛盾也随着时间的流逝、女方的坚持以及男方的进步而消解。Mick的包容力和生存能力，大大和谐了二人的关系，而Leona对男方的认可和不放弃，亦是让他们走到今天的最大动力。所谓缘分，不过如此：彼此遇到的时候，也许并不是珠圆玉润的那一款，然而磨砺之后的感情，愈发如珍珠般散发光彩，历久弥坚。

结论

问：与什么样性格的人结婚更幸福？

答：自己做好爱情修炼，个性不断圆融，做自己性格的主人，与哪种性格的人都可以过得幸福快乐。否则，只能撞大运！

同桌的你

文 / Simon

性格色彩认证培训师

《同桌的你》是一首歌，是一部电影，也是你我故事的开始。

电影说的是一段青葱岁月的爱情故事，歌声里唱的是那个曾经令我们心动的异性，而你我自己故事里的同桌，你是否还会记得呢？

当电影散场时，那首你我都熟知的旋律在影院弥漫之时，总觉得有些淡淡的忧伤。不由得感叹时间的流逝，感叹岁月改变了太多你我的模样。

虽然我是一个堂堂的三尺男儿真汉子，无论在外表现得有多强势彪悍，可有时不得不承认自己内心的柔软。没有办法，在性格色彩之中，红色就是那么容易被一些场景所牵动，无论这个红色是三尺男儿，还是一个美娇娃。

电影里演的是别人的故事，却表述着你我自己的以往。无论红色表现得有多坚强刚硬，却很容易陷入自己的回忆之中，也许是那时的欢乐，也许是那时的伤痛。但无论是欢乐还是伤痛，最终留给我们红色的，都是那对于时光流逝后的淡淡忧伤。而这种感受，又容易被我们无限地放大，直至感动自己，感动中国。

你我皆为红色，无论是否有黄还是有绿，都无法逃脱红色内心的情感需求。我们都需要感动和被感动，这就是红色所谓的情感互动。

对于我个人而言，无论我后天的个性如何塑造或调整，都无法逃脱红色对我的影响。因为这是最为真实的我，也许会伪装，也许会掩饰，但最终我内心的需求还是红色的需求。

看完电影后，我静静地坐在车上，车上流淌的音符依旧是那首描述爱情的《同桌的你》，可我自己的思绪却回到了那些年我身边的同桌，也许无关爱情，却有我自己所认为的绚丽和丑陋，有着我自己的小情绪，需要我这个红色来慢慢回忆、慢慢品味。

这个无关爱情的"懂"，晚了三十年……

静是我第一个同桌，在我的记忆中，静有着大大的眼睛，长长的头发，皮肤白白的，是一个非常漂亮的女孩。同时，静也是班级里的文艺骨干，永远记得她的新疆舞，每次都会让我看得入迷。

那时，我就读的小学是父母下乡时工厂的附属小学。大家都是厂区子弟，住得不远。静的家就在我家对面的那栋楼，从我家的窗户看过去能看到她家的阳台。那时候什么都不懂，我只觉得每天看着她家的阳台，看到她在阳台跳舞，是一种很幸福的感觉。

当时的我非常调皮，总喜欢到学校后山抓一些小虫什么的，挖一些蚯蚓，然后在上课的时候偷偷地玩。我的这个小癖好，很快便增加了我和静之间一系列的互动，有快乐的，当然也有让我记恨很久的。现在回想起来，觉得这也许就是童年时代同桌之间的乐趣所在吧。

静乖巧听话，学习成绩又好，是老师眼中的好学生，上课时比我认真多了，但如果我抓来的是金龟子、蝴蝶、蜻蜓这类小昆虫，她也会偷偷地和我一起玩。我一直认为，静与班里的其他女生相比，胆子似乎要大很多，因为她不怕昆虫。

可是接下来发生的事情，静完全颠覆了她在我心目中的美好形象。

有一天午休的时候，我们几个男生跑到学校的后山挖蚯蚓玩，挖着挖着，我们竟挖到了一个蛇窝。正好那段时间，男生们流行比谁的胆子大，而我就属于胆子特别大的那种。我用手把蛇窝里的蛇蛋给掏了出来，带回了教室。上课时，静见我在把玩着蛇蛋，非常好奇地问我这是什么，我告诉她是鸟蛋。静说她非常喜欢小鸟，让我把蛇蛋全部给她，她要把它们孵化出来。

就这样，这些蛇蛋被静当成了鸟蛋养在她的课桌里，为了保持温度，静还从家里带来了很多棉絮，给它们做了一个小窝，就连上课时也用双手给它们温度，期待着小鸟孵化出来美丽的样子，还说要看它们自由地在天空中飞翔。而我看着她每天期待的样子，也慢慢地忘记了这其实是蛇蛋而不是鸟蛋了。

那是一个阳光明媚的下午，正巧是班主任的语文课。老师的粉笔正在黑板上"吱呀"地歌唱，静习惯性地将手伸进课桌里温暖着所谓的鸟蛋，而我正在昏迷与清醒之间游离。"啊……"静的一声惨叫打破了教室里原有的平衡，我也顿时清醒过来，转过头就看见静手里捧着一条刚破壳而出的小蛇，脸色煞白地惨叫着。

我大叫一声，第一时间把她手中的小蛇打落在地上。而静在尖叫过后，安静了数秒后，"哇"的一声哭了起来。班主任也同时冲了过来，其他女生看到小蛇后也吓得哭了起来，而男生们则叫了起来，一瞬间教室里乱成了一团。

结果可想而知，我被班主任拉到走廊上，一直站到放学。回到家也少不了老爸老妈的一阵狠K。对于我而言，这些真的算不了什么。这件事之后，班主任把我从静的身边换到了教室的最后面，我一个人占据着一张课桌，这也还好。最让我受不了的是静不理我了，每次在走廊碰到，她总是绕着我走。课间时，我故意在和男生打闹时移到原来的座位附近，而她见到我就会转身离开，只留给我一个背影。

我以为这件事很快就会过去，而静接下来针对我的一系列报复，也把我和这个原来一起上课玩小虫的同桌推到了形同陌路的地步。当时，我们每周上6天课，周六上午上课，下午则是男生们最快乐的时光，可以为所欲为地疯玩。

可是在静当了班长之后，她完全毁了我接下来在那所学校所有周六的欢乐时光。每次黑板报，她都会点名把我留下来，让我和她还有其他几位同学一起出。具体细节我已经记不清楚了，可每次我都会故意和她作对。她说的主题，我永远是反对的。我非常希望她下次不要再让我留下了。可是女生的小家子气，你们懂的，我们的关系也越来越糟糕。

虽然在我要回到上海读书之时，她送了块橡皮给我，作为纪念。但最初同桌时美好的感觉，却因为她毁了我周六的欢乐时光，而转变成了那深深的怨气。

在三十年后的现在，我第一个想到的，是这个有着大眼睛、长头发的漂亮女生，我的第一任同桌。我似乎看到了一些之前所忽略的部分。

女生比男生要文静，她的乖巧和听老师的话，再加上后面因为记仇对我实施的一系列打击报复，乍一看很像蓝色的内向、守规则和思想深沉。

可想到那时每次我只要能抓到漂亮的蝴蝶等好玩的小虫儿，她也会和我一起在上课的时候偷偷地把玩，就能发现她文静守规则的外衣下红色的爱玩了。而她那种对鸟儿的喜爱，尤其是她曾不止一次地幻想着能和小鸟儿一起自由翱翔的画面，让我看到了当时的她对于自由快乐的向往。而这些又全部接近红色的内心需求了。那如果这样综合来分析的话，就会发现其实静是一个和我一样的红色。

那同为红色，为何我和她的差异会那么大呢？其实这和男女的性别以及家庭环境的影响有关。

红色的孩子天性是爱幻想的、爱玩的。作为一个女生，静的父母对静的要求会更严格些，所以她显得非常文静和乖巧。因为静很少有机会自由地接触大自然，所以那些我所熟悉的小虫儿对于静而言是新鲜的，是值得好奇的。从小家教严格的红色女孩，容易产生束缚感，她喜欢鸟儿，是因为鸟儿能自由飞翔。

"鸟蛋"事件对静的影响会那么巨大，除了当时被惊吓和来自其父母的压力外，最主要的原因是当时唯一可以信任和能够给她快乐的小伙伴，在她最为关注的事情上欺骗和玩弄了她。这对于红色而言是最大的伤害了。现在的我，不同样也会因为被最信任的人欺骗了而难受嘛。

在了解静以上这些之后，我突然意识到当时我完全误解了她对我的"报复"了。

静是一个有着良好家教的红色。在与我的互动过程中，她能收获她所需要的快乐。所以她需要有我这个能给她带来快乐的同桌。当我深深地"伤害"了她之后，红色严重的情绪化和有可能存在的父母的压力，让静与我保持了一定的距离。而当红色情绪化的时候，我这个同桌只看到了她的远离，并没有及时地安抚她的情绪化，哪怕是一句发自内心的"对不起"都没有，反而因为她的情绪化，而让我自己产生了一系列的情绪抵触。

静刻意安排的黑板报工作，其实不是一种报复性的行为，而是当红色情绪慢慢淡化后的一种具有台阶性的修复关系的行为。从红色静的角度来看，她希望我能在和她一起出黑板报的过程中，回到以前，回到以前同桌时的时光，能给她继续带来更多的快乐。而我当时的抵触情绪和行为，实际上是让静失望和难受的。可因为红色的乐观精神，让静不断地期待与我在下一个工作日时奇迹的发生。这一系列围绕着红色的动机而变化的需求和行为，导致了我之后对静深深的误解。

美丽的静，我们早已失联了近30年。也许这辈子不会再有机会见面了，亲口对你补上一句"对不起"。但我希望你能知道，与你同桌同学的那几年，现在留给我的只有甜甜的回忆。

我比你想象中要更懂你

燕是我从农村回到上海读书后的第一任同桌，也是这些年在上海的街头会不经意间偶遇的一个同桌。

虽然说岁月在我们的脸上都留下了太多的痕迹，改变了我们原来的模样。可对于燕而言，无论我们现在多大了，每次见到她总能想到那些年我们之间的爱恨情仇，因为她还是她，还是记忆中的那个大大咧咧敢作敢当的假小子。

最近一次偶遇，是在三年前。我带着儿子在公园玩轮滑，我们一前一后在公园的大道上追逐着，很远就看到一个非常熟悉又陌生的身影迎面而来。还在记忆中搜索之时，就要擦肩而过之时，这个身影伸出一拳，狠狠地捶在了我的胸口，在努力维持平衡中，在疼痛的刺激下，我顿悟。会如此打招呼、不考虑后果的人，这么多年还只有她，我的同桌——燕。

燕剪去了长发，留着男生般的短发，一脸的干练，休闲的衬衫配着泛白的牛仔裤，依旧青春靓丽。她像兄弟般一把搂住我的脖子："嘿，臭小子，好久不见啊。"这就是她打招呼的方式。

当年刚回到上海读书，学校里所有的一切，对于我这个在农村读了3年书的人而言，是完全陌生的。因此显得非常拘谨，小心翼翼。当我第一次坐到燕的身边时，她眼中流露出的那种对我不屑的眼神让我觉得很受打击，对她的第一感觉非常差。而用她的话说，当时看到我这个有点腼腆内向、一点都不阳光的大男孩，她感觉非常不舒服。

我们同桌的第2个月，学校组织我们去上海郊外的一个游乐园秋游。小伙伴们听到秋游的消息都很兴奋，对于我而言，秋游是完全陌生的一件事，所以我没有兴奋，反而有很多不安和焦虑。这些不安除了因为陌生没有经历过外，更多的是一种深深的自卑，因为我知道年迈的祖母不会给我准备那么多好吃的，也不会给我很多秋游的零花钱。

事实证明，我秋游前的不安是完全正确的，秋游那天我的书包是空荡荡的。除了一个难看丑陋的面包和一个装满了白开水的老式军用水壶外，什么都没有。而口袋里，也只有可怜巴巴的5元钱。

午餐的时候，我忐忑不安地躲在角落里拿出那个丑陋的面包和老式水壶的时候，有几个男同学突然冒了出来，发出了一阵阵奇怪的嘲笑声和一些莫名其

妙的言论。至今，我都能够深深地感受到那一刻恨不得找个洞钻进去的感觉。

就在我最难堪，甚至眼泪都快控制不住要往外涌的时候，"喂，你到底要把这些东西塞在我包里多久啊？"燕手里捧着一堆吃的，从那群围着我的小伙伴中挤了进来，把手里的吃的，铺天盖地地砸在了我的身上。

还没有等我反应过来，她已经转身迎着阳光跳跃着走远了。

因为燕，因为燕砸向我的这些吃的，那些围着我的小伙伴很快就都散了。而我看着身边这些好吃的零食和水果，感到一阵温暖。在那一瞬间，她第一眼看我时不屑的眼神，慢慢地淡化了，而她成为了我眼中的天使。

可惜好景不长，燕给我带来的温暖很快就被她的另一面给冲淡了。

燕的善良背后，还隐藏着深深的控制欲和那种让人无法接受的霸道。她很善于在老师转身走开的那一刻，找到很多可以让她自己开心的事情，而逗我玩就成了燕眼中最有意思的一件事了。

燕对我这个同桌有着非常多的不平等条约，除了她霸占了整张桌子的五分之三外，还要我帮她做作业，上课时不允许碰她一下，她叫我做什么我就必须做什么等，一大堆。而我因为秋游时她帮我解围，就一直容忍着、迁就着、配合着。但人的忍耐是有限度的，终于因为那条侵略性的三八线，我们发生了最为激烈的一次冲突。

那是在快接近暑假的一堂下午的英语课上，在英语老师那机械般的催眠声中，我慢慢地趴在了桌子上陷入了半梦半醒之间。突然，我手臂上的一阵刺痛，让我顿时清醒了过来。燕拿着圆规，躲在书后，暗自窃喜。揉了揉自己被扎痛的手臂，我只能无奈地缩到了自己那五分之二的空间里。

正当我准备第二次进入到梦乡时，"啪"的一声，我的铅笔盒掉在地上，打破了教室里的平静，几乎所有的小伙伴都看了过来，老师也用手上的教鞭冲我指了指，而燕端坐在旁边，也表现出一副被惊吓的样子，显得事情好像和她完全没有关系一般。我只能尴尬地弯下腰捡起我的铅笔盒，而在我弯下的那一刻，我看到燕的双脚在桌下欢快地舞动着，就像是对我的嘲笑一般。

初夏下午的英语课是最具有催眠作用的，我再努力地支撑着自己也熬不过瞌睡虫的侵袭，当我第三次慢慢地俯在桌上时，"啪"的一声，我的铅笔盒再一次重重地坠落在教室的地板上。而这一次，在英语老师高了半调的批判声中，我捡起铅笔盒后，拿起了燕的铅笔盒，让它在空中划出了一道美丽的弧线，从教室里飞向了窗外的广阔空间。

在燕听到她的铅笔盒落在窗外操场上的声音后，接下来的局面就不再是我能控制得了的……

燕疯了似的，在肢解了我的英语课本，拆散了我的铅笔盒后，又发出了震天般的哭声，大声地向老师和小伙伴们哭诉着我对她铅笔盒实施的暴行。

当我被老师揪着耳朵从座位上带离时，我看向燕，她那梨花带雨般的脸上，竟然偷偷地露出了得意般的笑容，虽然只是那一瞬间，但我确定我看到了，这还是一个善良的小女孩吗？她简直就是一个魔鬼，一个女魔头。

在此之后的很长时间里，我们虽然还坐在一起，可无论燕如何示好，我总是对她不冷不热，慢慢地她也就不再逗我了，我们的关系已经不如之前那么融洽和谐了。如果没有小学毕业典礼的那一天，她偷偷递给我的那张写着少女情怀的字条。我想我们在二十多年后，也不会那么肆无忌惮，即使很多年未见，也犹如"兄弟般"的情感了吧。

而现在和燕一起回忆往事的时候，当我聊到毕业典礼时收到的那张纸条，她总是非常坚持地否认，说这是我自己臆想出来的。我嘴上虽然每次都会应付着她，无奈地表示老了，记忆力衰退了。可我总能在燕的眼中看到那一丝少女般的羞涩。

因为燕还是单身，而我的儿子都已经会叫阿姨了。所以每次我见到她，总会老生常谈，劝慰她，不要用工作忙、不需要感情来作为借口和理由。希望她能够放下自己女强人的伪装，承认自己内心的软弱，接纳自己内心的寂寞和孤独，降低对另一半的要求。可她每次总会笑着反问我："你真的懂我吗？"

是的，我真的很懂燕，不是因为我对她现在生活的了解，更多的是因为我对于她性格的了解。而只要掌握这种性格中的规律，即使我们对于这个人的生活完全不了解，也能从其目前的状态中得到很多答案。

燕的善良，是红色中的乐于助人；燕的霸道，是性格中的黄色对于事情的目标和控制。而她小时候的爱玩、调皮、古灵精怪，成人后的不拘小节、随心所欲，这些都说明燕是以红色为主。

燕，是一个非常典型的红＋黄。

在性格色彩中，红＋黄实际上是在包括组合色的十二种性格中，在情感方面最难以捉摸的一种性格。这种性格有着红色追求快乐的核心动机和红色为了追求快乐的各种优势和过当的行为，但也有着黄色天生对于事物敏锐的嗅觉，所以在遇到事情的时候，能犹如黄色一般具有解决问题达成目标的优势和过当的行为。

所以，燕虽然没有向我提过她的工作和事业，但仅凭我对红＋黄的了解，我知道她一定过得不会差。事实上，燕是一家跨国旅游公司的高管，负责国内外高端的旅游项目开发。她几乎每年都会在世界各地的旅游胜地出差工作，游艇上品红酒，原始丛林中听雨声，豪华酒店做SPA，自驾穿越沙漠……

红＋黄也许在做事上会因为天生性格中的红色优势和黄色优势而更顺利些，有效率些，在工作事业上能更有收获。但也同样会因为性格中的过当而导致一些冲突和矛盾，所以虽然我不知道她成长中的故事，但我知道她能过着目前的生活，也一定经历过非常多的困难与险阻。

而对于红＋黄而言，工作事业中的困难，对其而言不会形成困惑。而情感中的问题，才是红＋黄最大的问题所在。

红色追求快乐，需要关注、赞美和互动，对爱情有很多美好的设想，期待甜蜜浪漫的爱情，渴望互动和情感的表达，愿意为对方的幸福去做需要做的一切，并从中得到快乐。黄色认为达到目标解决事情比情感更重要，如爱一个人，会使自己现在或将来百分之百地值得他爱，至于他爱不爱你，那是他的事。

红＋黄有着红色的核心动机，却有着黄色的行为。在情感中就非常容易因为深爱一个人，为了满足自己红色部分对爱的需求，而用黄色的行为来掌控爱情，所以对于对方的要求会非常高，这一点不仅限于情感中的互动，还提升到了精神上的高度共鸣。红＋黄很享受互视一眼的默契，不用说话另一半已然为自己接下来的事情做好准备的感觉。他们要的不仅仅是了解，更多的是懂得自己。而这份对默契的期待，会使得与红＋黄在情感相处中的人，感受到一种无形的压力，由此容易产生逃离的念头。

燕至今还是单身，即使她没有和我聊过其感情中的经历。但我知道，现在的她不是不会爱了，而是不敢去爱了，因为她在情感中的控制欲和自我感受放大了，让她处于渴望爱情，却不敢投入爱情的窘境。

而对燕而言，如果她能对自己的性格有所了解，进行自我调整，比我这个外力的推动会更有用。希望终有一天，我的同桌燕，可以为了一个人长发及腰，嫁人生子。

你还是我的好兄弟

有些人这一辈子不会有太大的变化，有些人却一直处于变化之中。

捷就是一个长期处于变化之中的人，每隔一段时间见到他，总会在他的身上找到不同之处。他是我的中学同桌，也是我唯一的一个男性同桌。

捷和我，都是属于读书从不认真，但凭借着一些小聪明，成绩还能挤进班级前十名行列的天才少年。在课堂上，我们在老师的眼皮底下，看完了当时所有流行的漫画，看完了所有的武侠小说，甚至还有琼瑶阿姨的那些爱恨情仇。当然，我们不仅只是在上课时看小说漫画，我们还非常会给自己找一些乐子。

捷属于脑袋特别灵，想法特别多的人，我们没书可看的时候，他总能一拍脑袋，创造出很多玩的点子。我们俩在一起设计过未来的汽车、宇宙飞船，甚至未来人们的穿着。我们也你一段，我一段地写过连载的校园科幻爱情恐怖小说，还画过一段时间的漫画。当时我们的手抄本在我们的班级里，甚至隔壁的班级都非常受欢迎，现在想想，如果当时有现在这么发达的网络，说不定捷和我也许能成为非常受欢迎的网络写手吧。

捷的动手能力也非常强。汽车模型、飞机模型，等等，都是他的拿手活，他的作品都快成一个博物馆了。每次去他家，他都会得意扬扬地告诉我，这些都是他从小学时候开始，亲手制作的。这些模型非常复杂，我自己也做过一些，但我拼装一架飞机，基本上要花接近一个月的时间。而捷，最快的时候，一个晚上就能完成拼装、上色。虽然当时的我从来都不说，但我自己知道，我非常佩服他，甚至有些妒忌他的各种才能。

中学四年与捷的同桌时光，现在回想起来，还是满满的快乐，这种志同道合、惺惺相惜的感觉，在之后也很少再有过。我们中学毕业后，由于分别进入了不同的学校，都有了新的同学和朋友，联系也慢慢地从一开始的热络变成了只有在节假日的一声问候了。

如果从性格的角度来看我的这个同桌，是一个非常典型的红色。他有着红色的好玩，想象力丰富的特点。他可以为了他的爱好，彻夜不眠，这不就是红色为了自己的兴趣爱好可以变得非常执着，目标明确。而我喜欢和他在一起，我们有着这么多的共同语言，其实这也是红色中的物以类聚。

我和捷的再一次交集，是在我大学时期最后的实习阶段。

　　我大学时学习的专业是计算机，所以最后半年的大学生涯，我是在一家国营的大型企业里的IT部门实习的。当时公司给了我一个任务，让我负责为公司采购一批新的计算机。这对于一个实习生而言，公司给予了很多信任。我知道这一点，所以也非常重视这次采购任务。我电话联系了很多计算机的品牌公司，也亲自前往看了很多品牌的计算机。

　　那天下午，我在上海一家很大很著名的计算机集团公司里，听着对方的销售向我介绍他们产品的优势和服务的保证。突然，背后有一个人大力地拍了我一下，我回头一看，是捷，他满脸惊讶地看着我，问我怎么会在这里。原来捷是这家集团公司里的销售主管，接下来，就是我和捷的叙旧时间，当我告诉捷我来的原因，捷拍着胸脯告诉我，选择他们公司的产品绝对不会有错，他让销售拿了很多相关的资料给我，让我带回去研究。真没有想到，我只是一个实习生，而捷已经是一家大公司里的销售主管了，不过想想小时候他的样子，这一切也非常正常。

　　那天我们聊了很久，捷还非常热情地把我送到公司门外，在我以为就要说再见的时候，他突然压低了声音，偷偷地告诉我，让我在对面的车站等他一会，他要带我去个地方。

　　捷很快就拎着包出来了。接下来，捷带着我到了当时上海闹市区的一个电脑商城的铺位。铺位里所有的工作人员看到他，都热情地叫他老总。捷看到我愣在原地，笑着告诉我，这个铺位是他自己开的。专门做组装计算机的生意，还承接了很多大型的计算机工程。看我还是有点摸不着头脑，他便开始向我解释这些年他走过的路了。

　　捷在高中的时候，因为迷上了计算机，就一直开始自学计算机，但也因为沉迷计算机，他没有考上大学，而是在一家电脑商城里打工。因为其能说会道，而且技术精湛，所以很多客户都很喜欢他。之所以会去那家大型计算机集团公司工作，是因为几年前有一个公司的销售，将公司的业务拉了出来，找捷进行组装，俩人成了朋友，于是介绍他去公司做销售。因为捷很聪明，有点子还有技术，很快就成为了公司里的销售主管。捷每个月完成销售的指标后，就将公司的业务拉出来自己做。

　　听完捷一路成长的故事，当时的我是各种羡慕嫉妒恨啊，我没有想到在我还在为就业头痛迷茫之时，捷不但在大公司身居要职，还有了自己的生意，他真是非常了不起。

接下来，我把公司采购计算机的事完全托付给了捷，而他也理所当然地将这个业务拉到了自己的生意里。因为采购的事儿对我是否能够在毕业后转正留职有非常大的影响，我从一开始就会有着各种担忧，从计算机的质量到后续的维修服务，再到具体的价格。每一次捷总是可以拍着胸脯告诉我没有问题，而我也碍着情面，不再追问。在规定交货的时间内，捷完成了所有计算机的装配，还亲自送货上了门。当我在办公室看着漂亮的计算机点亮开机，顺利地进入操作页面的时候，我悬了很久的心也放下了。

可惜好景不长。没多久，这批计算机的系统无法升级打补丁，原来这批计算机全部用的都是盗版的系统。我发现后，编了个理由，偷偷地将操作系统换成了正版。当我忙完，还没来得及喘口气的时候，新的问题又发生了。这批计算机中有些运行非常缓慢，偶尔还无法正常开机。经过检测，发现这批计算机所用的主板都是当时快淘汰的系列，而捷给我的采购清单中的主板型号却是价格相差甚远的最新系列。因为合同上没有写明，所以从法律上无法追究责任。公司考虑我平日在公司里表现还不错，所以没有追究我的责任。但我的实习生涯，也就因为这件事而从此结束。

我有种被欺骗背叛的感觉，非常气愤地跑去找捷。他轻描淡写地解释，原先的报价里是最新型号的主板，之后给的优惠和折扣，就是将主板换成便宜的，我们俩不欢而散。

第二天，捷托我们一个共同的朋友送来了5000元钱，说是补偿我个人的损失。我收下了钱，但没有原谅他，我需要他亲自过来向我道歉，可他之后一直没有来。

现在想想，之前所发生的事也非常正常。从红色的角度重新去审视，那些让我难以接受的欺骗和背叛，其实并非是捷的本意。因为红色追求自由和快乐，而自由和快乐有时会和勤奋努力、脚踏实地有所冲突。一个非常聪明的红色，往往会选择走一些捷径。从捷的事业发展来看，走的就是讨巧，一路的擦边球。红色还有乐观的特点，在追求自由和快乐的过程中非常容易过于乐观。捷明知他这样做会有一定的风险性，但在利润的勾引下，在乐观精神的推动下，非常容易产生侥幸心理，觉得这不一定会被察觉，不一定会对我产生影响。红色如不重视这些，未来也许会因此而遭遇更大的问题。

后来，参加一个中学同学的聚会。在聚会上发现，小时候最喜欢凑热闹的捷竟然没有来。纠结了很久之后，还是找了个借口假装很随意地问了我们共同的一个朋友。朋友很诧异我会提到捷，以为我会知道他的行踪。我借口换手机、工作忙搪塞了过去，但也知道了这几年捷的动态。

捷的计算机生意，因为在集团公司私下拉客户的原因，有一段日子做得风生水起。这段时间铺位的工作量很大，所以捷毅然辞了职，全身心地投入到了自己的生意中。但很快，没了集团公司私活的照顾，捷的生意就陷入了窘境。捷为了拓展自己的业务，毅然动用了自己所有的积蓄，在没有许可证的情况下开了一家黑网吧。网吧开在一个老式小区的地下室里，主要的客源全是未成年的学生。因为学生家长的举报，黑网吧开了不到一个月就被查封了，捷所有的积蓄全部都砸了进去。为了交罚款，把自己的铺位也转让了。

此后的捷，就像变了个人似的，满脑子都是赚钱，希望能把握住每一个机会，将失去的一切都再次拥有。在这种情况下，捷又结识了另一些朋友，其中有一个是做海鲜生意的，专给海鲜餐馆提供各类海鲜。捷看到那朋友出手大方，开着豪车，决心和其一起做海鲜生意。于是向其父亲开口借了一大笔钱，全部投入到了他完全不懂的海鲜行业。结果可想而知，他被朋友骗了，还被合作的餐馆坑了，这些钱又全部打了水漂。

受了两次生意失败打击后的捷变得颓废孤僻了，他整日宅在家中，对任何事都不感兴趣，沉迷在了网络游戏之中。

聚会结束后，我想了很久，我无法把现在那个颓废和孤僻的人，和那个曾和我欢度4年同桌生涯的人画上等号。最终决定我要帮捷，我要把他从虚拟的网络世界里拉出来，让他重新回到阳光的世界来，让他重新找回自己。

当一个红色处于逆境之中，往往不愿意去面对，更多时候会选择逃避现实，期望会有奇迹或幸运降临，也就是说如果没有外力推动的作用很难自己走出来，再加上红色非常好面子，虽然需要帮助，但是不希望得到别人的怜悯和可怜。所以，绝对不能直接找到捷，然后告诉他，我知道他的经历后，问他需要什么帮助，也不能找到他，说要帮他介绍工作，给他事业机会什么的。这样做都会让这个处于压抑情绪中的红色变得更为敏感和难受。

在我详细地分析了捷身上的最大的优势和他身上有可能存在的局限性之后，我做了一个很大的计划和尝试。

我打了个电话给捷，告诉他这些年我总会想起他，我希望和他见个面叙叙旧。虽然在电话里听得出他的状态并不好，显得有些被动，但他还是被我用叙旧这个借口给拉了出来。当一个红色不愿意面对现实的时候，谈谈当年的辉煌也许会帮助其舒缓负面的情绪。

捷坐在我对面的时候，虽精心地修饰了一番。但我还是能很明显地感觉出他表现出的洒脱和淡然，都是外在的伪装。看来他非常不愿意让我知道他的现状，他不说我也不问。

在聊了很多中学往事后，我开始向他请教他当年的成功之道。虽然他表现得很谦逊，但在我的一再请教之下，他终于开始讲述，他是如何在高中自学的计算机，如何在高考失败后找到工作，如何成为最年轻的销售主管，当年公司有多器重他，他如何开始创业的。虽然他一开始说得很淡然，但还是慢慢地兴奋了起来，激动的时候仿佛此时就身在其境一般。

当一个陷入负面情绪的红色能够有机会表现出积极和主动的那一面时，你向他提的要求也好，请求也好，被答应的可能性就会高很多。于是，我迅速向他请求，为什么是请求而不是要求呢？这是因为要求会给人压力感，此时的捷很有可能会因为压力而直接拒绝。而对于红色而言，骨子里希望得到别人的认可和肯定，此时的请求会满足其内心的这一部分需求，捷为了得到我的认可和肯定，也一定会满足我的请求。

我告诉捷，我的公司遇到了一个发展的瓶颈，我很难渡过这个难关，我需要他来帮我，虽然我没有实力支付很高的薪水，但我相信只要他能来帮我，我们一定会有更好的未来。其实当时的我已经有实力支付他很高的薪水，可我为何要这样说呢？因为高薪水容易让他产生被怜悯的感觉，而低薪水则不会。因为高薪水容易让他感觉到压力，低薪水虽然不符合他的实力，但会容易让他产生是在帮我的感觉，而这种帮助一个老朋友所产生的动力会帮他走出来。

事实的确如此，捷从自暴自弃、颓废自闭中走了出来，在公司帮了我很多忙，他的创意点子帮我解决了很多问题。也许看到这里你会有很多疑问，就这么简单吗？其实只要他愿意来帮我，后面的过程中，的确简单很多了，只需要适当地认可和肯定，就能让红色保持一种积极向上的态度，这种态度会让他重获信心。真正地推动他的，其实还是他自己。而我只是一根撬棒，找到了合适的点，轻轻地偷偷地使了一点小力。

捷后来还是离开了我的公司，继续自己的创业梦想。很多朋友不能理解，觉得他不懂得感恩，觉得我这样帮了他，他好了以后反而离开了我。可我却很懂捷，我知道他就是真正地理解了、感恩了，才会离开公司，不是所有红色感恩的方式都是简单的回报。捷其实很快就在工作中知道，我不是真的需要他来帮我，而是我在帮他，所以当时他比我工作得还要用心和努力。他很在乎我这个朋友，他不会让我承担走捷径的风险，从而更为脚踏实地地工作。而脚踏实地地工作，所带来的收获让他成长，不会再犯之前所犯过的错误。他离开公司的那天，什么都没有说，只是拥抱了一下我，在我的耳边说了两个字"谢谢"。

这就是我的中学同桌，这个变了很多，又好像什么都没有变的好兄弟。对于未来，我们都无法预知。但我能知道，只要我们能够把握住现在，那未来一定也会朝着我们希望的样子去发展的。加油！

除了缅怀过去，我们还能怎样？

不知不觉之中，时间已经很晚了，那首歌还在不断地循环播放。在回忆过后，有种莫名的轻松和释然，突然意识到，其实每一段人生中的经历都是一道绚丽的光彩，那些被你我所认为的遗憾也好，伤痕也好，其实都只是因为我们自己的无知。我们所站的位置限制了我们的视角，那些被我们所认为丑陋的部分，都只是我们所看到的一部分而已。我们放大了丑陋的部分，却忽略了绚丽的那一部分，原来真正的幕后黑手，还是我们自己。

这段《同桌的你》的回忆，只是你我的开始，我们已经悄然长大，身边还会有爱人、孩子、父母和朋友，希望我们能够真正地了解、理解、懂得这些还在身边陪伴着我们、最值得我们去珍惜的人，希望我们在掌握洞悉人性后，能真正地把握住自己的幸福。

致青春

文 / 吴雨含

性格色彩认证演讲师、北京王府学校高二在读生、全国跆拳道精英锦标赛女子冠军

每个人生命中，最美好的不过"青春"二字。为什么青春美好，因为青春正值年少，情窦初开，正是享受的好日子。可是我身边形形色色的朋友，却为了一个"情"字，将自己的学习和生活折腾得天翻地覆。

红色的爱恨情仇总是最浓烈最炽热的，所以我看到的情感爆发最强烈，冲突最激烈，或者最感人至深的都是红色的爱情，而红色又是那么喜欢惊天动地，乐于分享。所以我听到最多的故事，也是红色的。

天长地久说说而已

室友糖糖是个很清秀的姑娘，似乎丝毫不会害羞，也是我非常要好的朋友。刚上高中的时候，她喜欢上了一个高三的学长，各种猛烈追求，早起送早饭，课间送水果咖啡，活动课等学长下课跟着去舞社，晚自习学长去哪里她就在哪里。

学长即将毕业远赴美国，根本不想与国内再有什么牵扯，而糖糖又搞得全校皆知。他自然不会答应糖糖，有相当长的时间还躲着糖糖，导致糖糖很烦躁，放弃学业，进而各种自残。

我不忍看糖糖日思夜想辗转反侧，就劝她"天涯何处无芳草，何必吊死在一棵树上"。谁知糖糖反应极大，立刻跳起反击："你不知道我的学长百般好，能唱会跳长得帅，清秀瘦削学习好。忧郁得让人心疼，可爱得让人受不了。我对他一见如故，再见倾心，三见钟情，此生非他不嫁。若我结婚的时候新郎不是他，你们都不用来了。"糖糖在描述中总是夸张很多她喜欢学长多么多么不容易，学长多么多么好，试图让我强烈感受到她的感受。我默默地听着，把心中那句"你不过是把自己感动了，爱上了你心中的梦"，偷偷憋了回去。

糖糖喜欢学长喜欢得天崩地裂，全校皆知，无数女生指责学长不肯接受糖糖。可谁说学长一点不是，似乎就像要了糖糖的命一样，她甚至把学长的名字文在了自己的左胸前，宣告说那是离她心脏最近的地方。我跟学长说句话，糖糖就闹得不得了，死活要和我绝交，好像我要和她抢一样。

学长似乎后来被糖糖感动了，不再那么排斥她，有时候也有说有笑的。当时全校都以为他们俩一定会在一起。

日子慢慢过去，学长要去美国了，临走前糖糖哭得死去活来，硬生生把眼睛哭成了结膜炎。学长临走前跟糖糖说，让她好好学习，将来去他的学校，如果考上了，就和糖糖在一起，糖糖哭得梨花带雨，含泪承诺一定追随。

我以为糖糖会放弃原来天天翘课贪玩的习惯，争取和学长考一个学校，事实上她也的确这么做了。只是时间不超过一个星期，糖糖就开始跟美国的学长抱怨，抱怨她只想谈个简单的恋爱却把自己美好的青春时代交给了枯燥的课本。

学长刚去美国，各方面都不大适应，也不禁烦躁，自然没有时间顾及糖糖的抱怨，糖糖又总是叮嘱学长不要跟别的女生说话，偷偷登录学长的QQ把所有的女生都删了。于是两人的战争开始爆发，这样一对曾经众人眼里的璧人就这样说了再见。

失恋后的糖糖一度消极，她开始夜不归宿，天天去酒吧夜店，我以为糖糖可能很长一段时间都不会再谈恋爱或者说喜欢谁了。可是过了一小段时间，我听闻学校里又开始说糖糖和某个学长走得很近，于是我知道了她那段"三生三世缘"终究还是无疾而终了。

红色，喜欢一个人恨不得天下皆知，最好所有人都关注我的感情，这样也一定能吸引心爱的人的目光。他们享受自己付出的感觉，感动了自己就以为对方也被感动着，可当需要因为爱情长久付出时，红色没有耐心、不能坚持的过当往往会成为爱情中的绊脚石。他们更倾向于享受爱情的美好，却吝啬于为了爱情忍受枯燥，于是往往选择逃避。糖糖对学长喜欢到夸张，于心而言，热烈时灼可熔铁，海誓山盟却回头就看不见。这就是红色的过当，有时候的确可以感动他人，但是更多的时候，伤害了别人，也伤害了自己。

君若无情我便无意

室友小忧和糖糖差不多，一开学也喜欢上一个校篮球队的学长晓，却没有立即去追求，而是先搞定了晓身边所有的兄弟，等到晓的兄弟把她介绍给晓，并在晓的面前大夸特夸时，我以为小忧胜利了一半，至少不会像糖糖那样跟没头苍蝇似的乱去讨好。却没料到，晓已经有一个远在加拿大的女友了，两个人在一起快三年了，感情十分要好。

我以为小忧会知趣地放弃，没想到她竟然下定决心说："有女友怎么了，天下没有挖不倒的墙角。有女友更好，不努力就得到的东西我还不屑要呢。"于是小忧加紧攻势，光明正大地做出和晓出入成双的样子。

因为和晓的朋友们关系也都很好，所以经常有和晓出去玩的机会，晓自然不愿意招惹小忧，频频拒绝。小忧不以为意，晓不爽时她出现的频率就低点，晓不说什么，她就多出现几次。

后来有一次，晓真的生气了，当着一堆人的面跟小忧说："你凭什么喜欢我，你有资格吗，你配吗？你以为你哪里及得上我的女朋友，就想要追我？我之所以还理你，无非是因为你是个女的，无非是因为你是我兄弟的朋友，别太自以为是了。"小忧也没说什么，只是沉默良久，似乎在思考什么，然后转身就走了。

我以为这下她受了刺激，也会如糖糖一样自甘堕落一段时间。没想到从那儿之后，小忧越来越温柔，学习越来越好，各方面也越来越优秀。

晓也觉得他做得过分了，过来跟小忧道歉，没想到小忧巧笑倩兮，表明想通了要放弃晓，愿意把晓当亲哥哥对待。晓自然求之不得，他也不愿意伤害小忧，尤其是小忧和他的兄弟们关系也非常好。于是这对"兄妹"越走越亲密，后来晓仿佛就真的以为小忧是他亲妹妹了一般，还把自己的女友介绍给小忧。

原以为这段故事就这样告终，万万没想到，过了不到半年，晓和他的女友分手，以迅雷不及掩耳之势和小忧在一起。出乎意料的是，不到一个星期，小忧就提出了分手。

分手当天晓险些失控。因为当着众人的面，小忧缓缓地说了一段话："我和你的女朋友初次认识，我就装作无意间给她看我们的聊天记录，她当然就去质问你，然后我适时的很温柔、很体贴地安慰你，并提出要向你女朋友解释。你是不是觉得我很好而你的女友无理取闹？尽管你说不用，我还是去找她了，当然不是去解释，而是去描黑了。我告诉她，你是个很好的人，平时对我如何如何好，求她不要和你分手，于是她继续跟你闹，闹着闹着就分手了。其实，我早就不喜欢你了，和你在一起不过是想让你也尝尝被拒绝的滋味。"

说完这些话，所有人都在骂小忧，什么难听的话都说出口了，她却丝毫不以为意。后来我问过小忧，她究竟喜欢晓哪里，她说："我没喜欢过他，开学第一天他把球砸到我脑袋上，我让他道歉，他并没有理我，还说我脑子被烧了才想让他道歉，然后就走了，继续和别人打篮球，他应该已经忘了吧。"

小忧觉得这件事值得让她付出时间和努力，她就各方面调整自己，让自己有所提升。无论在这个过程中，她是被嫌弃、被喜欢、被认可还是被爱上，无论她是甩甩头走开，表现温柔可人、善解人意还是最后冷漠决绝。她心里的目标一直存在，而且毫无动摇。我不知道最后她伤害了晓，自己心里会不会难过，我只知道，其实她自己也很受伤。

倾心于君误终身

轻海是我的同桌，也是我们学校的校花。琴棋书画无所不通，文文静静的样子不知道多少男生拜倒在她的石榴裙下，她却从来没说过喜欢谁。我俩都喜欢舞文弄墨提笔作诗，机缘巧合下成了朋友。熟络之后，我才知道轻海也有心心念念的人，只不过那个人自始至终都不知道罢了。

听轻海初中最好的朋友婷说，轻海在初中的时候，同桌严是个很阳光的运动型男孩，对她很绅士，经常会帮她打水值日，人也很优秀，各科的成绩都是前几名，不打架不骂人，是乖乖的三好学生却又不迂腐。初中时候的男孩子，大多调皮喜欢欺负轻海，严总是阻止，有人说严看见美女昏了头严也不以为意，因为初中时有晚自习，轻海总是要一个人回家，严总是默默在后面送。严从来没说过他喜欢轻海，却一直待轻海极好，轻海学习跟不上的时候，严总会放下手上所有的事情帮轻海补习。我不由得感叹，这样的男生轻海喜欢也很正常。

婷还跟我说，轻海喜欢严的时候，每天早上都早早地在学校候着，偷偷帮严整理好柜子和桌面，每天在严必经之路的学校长廊中等他却也不叫他，只为偷偷看他一眼。若不是婷无意中撞见，可能还不会发现轻海喜欢严。严作为男生，经常丢三落四，粗枝大叶的不吃饭。轻海每天都多打一份饭，再从家里拿来饭盒给严带过去。每次下课后，轻海总是会悄悄地模仿严的字迹在他的笔记本上补全笔记，每次考试前都会给严准备一套文具。严过生日的时候，轻海提前准备好了严最喜欢吃的巧克力，却还是偷偷地放进了严的课桌里期待严能发现，结果最后被严的妹妹吃了。诸如此类的事情还有很多，总之都是无用功，严根本毫不知情。

我不禁深深为这段本应该很美好，也许可以到老的感情感到惋惜，问轻海："你不觉得遗憾吗？多难过的事情。"轻海又摇摇头："遗憾是世间最美好，今生我已不想再见他，只为再见的已不是他，心中的他已永不再现，再现的只是岁月的沧桑和流年。"

也许在轻海眼里，这个并没有开始的感情，才是最美好的。这个趁着完美就离别的人，是最喜欢的，也许这是她心里定义的完美爱情。她对严的细腻与在意，也许在漫长的岁月沉淀中，都是自己最美好的回忆。

有时候我在想，假如大家之前都懂了性格，是不是可以避免很多遗憾。假如学长知道糖糖是红色，需要关注和鼓励，会不会郎才女貌可以如意？假如晓知道小忧是黄色，需要尊重和主导权，会不会，他不会和他的女友分手。抑或晓知道小忧的性格特点，知道如何给到黄色他们想要的，也可以更好地和小忧好好在一起？假如轻海知道严是红色，对于蓝色的表达，红色的严是很难感受到的，他们更需要直接而热烈的表达。轻海会不会尝试更直接的方式，然后轻海可以在她最喜欢的海边对严说："只愿君心似我心，定不负，相思意。"

高中时代的青涩爱情，总是不免有遗憾，所有关于那个你喜欢的人的往事都那么漫长。然而，性格的碰撞却又是那么的类似，很多时候美好就这样与我们擦肩而过，不是抓不住，而是不知如何抓住。无论是对于情感还是对于课业，与同学相处还是与老师相处，都是高中生目前需要学习的，学习性格色彩不是教我们如何去学习的，却可以帮助我们学习得更加快速和有效。

当然，不论结局如何，这些都会成为我们青春中的美好。

搞定我那常被推销忽悠的娘

文 / 徐怡琳

性格色彩认证演讲师、国家二级心理咨询师、DHL中国区某部门负责人

FPA性格色彩课程在我们公司内训的历史已十年有余，属于实用性极强、传播率超广的口碑课程。第一天FPA性格色彩基础知识学习的课程结束后，第二天的案例讨论环节，大家带来各自的纠结和困扰，有工作的烦恼，家庭的不愉快等，用FPA性格色彩的百宝箱，拨云见日，柳暗花明。

今天的分享来自Lucy和她妈妈的相处故事。

Lucy在公司工作6年了，经理级别，和父母同住。Lucy的妈妈70多岁，每月有1500块钱的退休金，Lucy的儿子上小学了，一直带孙子的老太太一下子时间空出不少。没事就喜欢去小区遛弯儿。最近，老太太遛到小区

门口的保健品店，看到里面坐着一群年龄相仿的老太太，于是也加入了她们的队伍。保健品店里的销售人员拉着她唠嗑，特别亲热的阿姨长阿姨短地叫着，给添茶倒水，按肩揉背。于是，老太太每天上午都准时到那家店里，像上班打卡报到一样规律。

一天，Lucy下班回到家，看到妈妈新买的保健品，牌子是没听说过的，厂家看着也不正规。一问才知道是妈妈花了800多块在小区的保健品店买的，Lucy的第一反应就是："哎呀，小区门口卖的保健品怎么能随便买呢？多不靠谱啊！"

妈妈的脸色不好看了："我哪有随便买啊！我去看了很长时间了，再说，那么多人都买过吃过，怎么就不靠谱了！"Lucy说："人多就靠谱啦，骗的就是你们这群人！"

妈妈更激烈地反驳："哦，你现在有知识有文化有阅历了，就看我们这群人落伍啦，我们就傻到被骗啦。我又不是不知道，保健品嘛，吃不死人，治不好病的，我每天过去，人家招待得那么热情，我总不好什么都不买吧。不过是偶尔买点，比起别人，我买的算很少了，花这点钱有什么大不了的，还是我自己的钱呢！"

Lucy："你的钱就不是钱啦，再说也是为你好。你自己要去，去了又不好意思，还不是自找的，不去不就行了嘛，天天去那么勤，都快赶上我上班了，我上班好歹是赚钱，你天天报到去花钱！"妈妈："现在和你沟通怎么那么费劲呢！我看那些卖保健品的小丫头，没读大学一个个也挺讲道理挺懂礼貌的，哪像你！"

Lucy一听，气不打一处来："哟，看着人家小丫头好了，就看我不顺眼了啊，到底谁是你亲生的，谁为你好都不知道！有本事你跟人家去过啊，切！"

此后，妈妈认为女儿不关心自己，不理解自己，还是每天照样去打卡报到，Lucy认为妈妈不信任自己，伤心之余，或冷战或指责，家里硝烟四起，老公和老爸劝也劝不动。

还记得乐嘉老师经典的挤牙膏案例吗？因为一管牙膏怎么挤，小两口可以吵到离婚，生活中的琐事在日积月累中爆发出的能量，相信每个人都深有体会。

经过了第一天的课程，Lucy和我们分享，她现在明白自己和妈妈都是典型

的红色，两个人对彼此的情绪很大，后来很多的争吵都是借题发挥。Lucy总结了一下在之前的沟通中自己犯的两个主要错误：

第一，自己一上来就带有指责，"随便""不靠谱"，等等，对妈妈来说就是否定，她是红色，被否定的时候情绪会立即反弹，后面说什么都听不进去了。

第二，听到妈妈的反驳，尤其是用店里的小姑娘和自己对比，感到自己被否定，情绪也被点燃了，后面的争吵都是情绪化的发泄和表达，甚至还有翻旧账，上升到尊重、信任，等等，已经不再是就事论事。

Lucy在老师和同学们的帮助下，根据课堂上学到的FPA性格色彩"钻石法则"，为自己制定了回家后对妈妈的影响方案，都是针对红色核心动机的：

第一，理解妈妈。理解妈妈会每天准时去店里的需求：和一群年龄相仿的老太太有共同话题，热闹，有人陪伴，这对红色很重要。另外，红色对人不对事，当销售的小姑娘们热情周到且免费提供很多服务时，lucy的妈妈会觉得不好意思，于是花点钱买产品，是一种对情感的补偿；最后，红色很容易被周围人影响，有从众心理，这群老太太如果都买或者都用一种产品，lucy妈妈会很容易跟风。

第二，认可妈妈。首先要认可妈妈已经在控制这方面的开销，比如，别人买很多呢。其次，要认可妈妈其实还是看得比较清楚的，对这个保健品本身并没有太多期待（所以也无所谓受骗）。

第三，关注妈妈。从根本来看，妈妈是因为孙子上学了，一个人老在家里待着有些无聊才会想往外跑的，应多发展妈妈和爸爸一起参与的活动，以及一些其他爱好。另外，平时应多关注妈妈的所思所想，周末多一些全家活动，这些是长期的行动方案。

课后，Lucy回家和妈妈谈了一次心，后来报告说，在表达认可和理解后，妈妈也坦承说自己每天也就是图个热闹，图个高兴，这点乐子女儿都要剥夺，觉得委屈。Lucy说，她其实不放心的是保健品的质量没保障，钱花了是小事，不知道这些东西对妈妈的身体会不会有不良影响，但她愿意花钱让妈妈高兴，哪怕买回来不吃也行，不怕浪费，这点钱她出得起。妈妈听了这话，特别高兴，说那也不能这么浪费钱，我脸皮薄，以后少去就行了，没事的。

Lucy后来特别感慨，当自己没了情绪，设身处地为红色的妈妈考虑时，她选择了退，没想到妈妈也选择了退，问题就这样解决了。

她说，上课前，她觉得是妈妈年纪大了，顽固，难沟通；上课之后，却发现很大一部分原因是自己的情绪让沟通的效果变得很差，最重要的一点，是自己没有理解妈妈。虽然天天生活在一起，但直到自己学了FPA性格色彩之后，才那么快速准确地理解妈妈。上课的时候，听"钻石法则"觉得很神奇，用了才知道，更神奇！心理学界有句玩笑话：你认为自己修炼得成熟了？回家和爸妈住上一个月再说。

这句玩笑话透露出一个真理，世界上最难相处的关系，可能就是一个屋檐下血脉相连的关系。我们常常希望影响和改变别人，认为都是别人的问题，最后往往发现解决问题的钥匙在自己手里。Lucy明白了自己，理解了妈妈，解决问题就是水到渠成的事。

爱情中草药·秘藏

文 / 小卷

中国性格色彩研究中心研究组长

这一生，无论你爱过多少男人，归根结底，其实，你只爱过四个男人。

——题记

33岁，云黛拥有了一间属于自己的屋子。

33岁，她开始吃中药，买基金，写书。

33岁，路过书店，她的眼睛不再在爱情诗歌上停留，开始谨慎地打量家居和园艺书。

她觉得，活着的每一寸光阴都值得计较：到一定的年纪，便要将生命用于一些长远的投资了。

每天早上，她六点起床，慢慢展开用黄纸包扎的中药，让好闻的药香弥漫整个屋子。放进黑陶瓮，添水，浸泡半小时，再点火，小火慢熬半小时。熬药是一个享受的过程，慢悠悠地熬着，仿佛整个人生也在水中慢慢释出、浓缩、精益求精。每一味草药都有一个秘密，历经岁月的熬煮，散发出捉摸不定的香气。

※　红色中草药

※　人参。甘，微苦，平，无毒。补五脏，安精神，定魂魄，止惊悸，除邪气，明目开心益智。

　　红色是大多数爱情小说中的主角，因为天性追求新鲜体验的他们，随时随地都能制造浪漫和摧毁浪漫，无尽的戏剧由此产生。红色男人的情感似乎总是飘浮不定，对每一段感情他们却又百分之百地真心投入，把恋爱视为一种享受生命的状态。

　　蓝色女人与红色男人因为互补而相互吸引，却在"忠贞"这个问题上抵死缠斗、永无休止。红色信奉博爱，蓝色信仰专爱，谁也说服不了谁。

很多人热心给她介绍对象，她都推说忙。认识了15年的闺密说："你是不是还在想着张永？"她微笑着摇摇头。

她和张永大学恋爱了4年，有6年的婚姻。看着他从零开始，做设计工作室，后来迅速膨胀成公司和集团，进军房地产。今天，张永已经是跨国公司的大老板，旗下多种产业。

相识开始于一个暖洋洋的春夜，她穿了新买的白底青花长裙，去学生干部办公室开会，一推门，伏案绘图的男孩眼睛"嗖"的一下望过来，眼神久久没有收回去。结婚以后，张永偶尔问她第一次见面时的感觉，她翻开《聊斋》，指着一行字，莞尔一笑。那是王子服初遇婴宁时——"目光灼灼如贼"。

初时，她是内敛的性子，张永骄傲，都不肯表白。张永便极力邀约她的室友晓虹，商讨学生工作问题，晓虹每次都带着她。她没有那么多新衣服，便尽力把衬衫洗得素白，单色长裙，直发柔柔披下。每次都是张永和晓虹热烈地辩论，她在一旁静听。

私底下，晓虹总说，张永为人如何有才华，如何桀骜。女孩儿间最是无可隐藏，这份柔软的心意，她怎么会不懂？说得多了，她便说："是不错，你可考虑他。"看着晓虹呆怔的样子，她心里一丝暗暗的喜悦荡漾开来，很快却又被担忧取代。花未开时最美好，盛放之后便是凋零，但谁又有资格阻挡一朵花儿的开放？

定情的那日，张永邀晓虹和她一起看流星雨。晓虹因肚痛缺席，黑漆的夜空下，只剩下她和他。他们被天气预报骗了，说好的狮子座流星雨没有来，张永说了半小时自己的理想和未来，她只是聆听。他突然指着右边的天际："看！流星！"她向右凝望时，他吻了她。

毕业后，他们两手空空，唯有同窗好友们的祝福，就这么成了婚。她知晓他的出身，和她一样来自农村，她愈益怜他。他腿有旧疾，不便开车，她就学车，给他当司机。他在一间只有几平方米的办公室开始创业，为节约成本，她当了财务。结婚两年之后，他买了车，她开着车和他一起回村看望亲戚，掀起极大轰动。他把父母接来同住，她每天给一家四口做饭。老同学偶尔见面，无人不赞叹她的贤惠。

结婚五年后，她不必再动一根指头，可以安心做少奶奶。张永一年有一半以上的时间在外地。某日电话响起，一个陌生的娇嗲的女声找他。虽然什么也没说，但她心里似乎隐隐感到不祥。

他买了很多衣服、包包给她，她都小心存放着，不穿不戴。他突然对她说："不要总是把事情藏在心里，没有人能猜到你在想什么的！"她愕然，更加沉默。终有一天，她拿出一沓他在外省开房的单据，放在他面前。一生中第一次也是唯一一次，他认错，希望不要离婚。

她很早就知道他的性格，他是明亮而粗糙的男人，身体的叛逃不代表情感，但是决定搜证前，她就已经想好了，此去断没有回头的余地。他发动了能找到的所有人来劝她，学生会主席的影响力再度显现，她只如泥雕木塑一般，让所有说客筋疲力尽。

离婚后数年，他作为成功企业家的楷模，到母校开讲座，昔日同窗纷纷发消息问她："他做得这么好，为什么不复合？"

她删除了所有短信，在炉上点着小火，看着瓮中伸展开来的深灰色草药，轻轻叹一口气。

对他，她没有任何记恨，她只是忘不了很多年前看流星雨的夜晚，两个纯净的少年，对着夜空许下忠贞的诺言。

※ 蓝色中草药
※ 黄连。苦，寒，无毒。久服令人不忘。治郁热在中，烦躁恶心，兀兀欲吐，心下痞满。

蓝色既关注人又关注事，总能从细微处体现对完美的追求。蓝色男人是神秘的，稳重的，他们说得少，做得多，但他们所做的，你未必能看到，即使看到，也未必能明白。对蓝色而言，找到知己太难，所以他们格外珍惜。

当蓝色女人遇上蓝色男人，天性中细腻的相互体察，完美地演绎了"默契"二字，却往往因为彼此性格中的悲观因素，而止步于人间的相守。

母亲问她："你工作那么久，就没再认识一个可以谈恋爱的对象？你高中、大学那么多同学，就没有单身的男的？实在不行，找个离婚带孩子的也行啊。"

母亲或许有轻度的抑郁及躁狂，没看过医生，云黛自己看心理书上的症状描写，对应上的。

这是在云黛为父母买的新房子里，父亲可以关起书房门装听不见，云黛拿起一串108颗的奇楠沉香佛珠，一颗一颗地盘着，每一颗珠子转动，母亲都发出一声新的咒骂。

云黛理解母亲，母亲不习惯大城市的生活，却又不敢回老家，离婚在村子里是要被人戳脊梁骨的事情。看见小区里的老人带着孙辈，母亲也会受刺激，大半个晚上睡不着。

其实云黛不反对相亲的，也见过两三个不靠谱的男青年，不是穿着邋遢，就是急于上垒，直到李明的出现，才给这看似徒劳的相亲活动带来了一线曙光。

李明不抽烟不喝酒，脸洗得很干净，开着一辆加满油的雪铁龙，妥妥地把她接到浦江边上的家常菜馆。席间，李明自我介绍自己在外企作采购工作，离异无孩。她只投以一个询问的眼神，李明就把自己和前妻从相识相恋到分开的全过程和盘托出。

在这个情感速朽、誓言不堪一触的年代，李明和前妻的离婚理由足以载入奇葩大全。恋爱时，前妻曾在三个不同城市之间更换工作，每次她都要求李明来自己所在的城市陪伴，每次李明都费尽力气在前妻所在城市找工作。

婚后安生了几年后，前妻再次跳槽去了一家著名的商学院工作，在那儿认识了很多成功人士，学会了一句格言："再不行动就老了。"前妻要求李明辞职，和自己一起考托福和GRE，去国外深造，李明不敢反对，但乞求边工作边考，前妻断然拒绝，因为"不能留退路，否则就做不到全力以赴"。

李明只好听命辞了职，但妻子却又变卦，说不出国了，还是国内有发展，让李明再去找工作。李明回去找自己的上司，上司居然回收了他，仍然任命他做原来的职位。万万没想到，前妻再次反悔，坚决让李明再辞职考托福。

李明居然再次服从了，虽然他心里已经猜到，前妻的这一次热度，恐怕也持续不了多久。果不其然，又过了三个月，前妻说："还是国内日子过着舒服，咱们别折腾了，就待在国内吧。"李明实在无法再回原来的单位，幸好有一位以前当过他领导的前辈，在同行业另一家公司做得风生水起，向他抛来橄榄枝，于是他很幸运地又获得了跟原来职级一样的工作。最后前妻终于说了："其实我折腾这么多事情，是因为跟你的生活没有激情，活着跟死了没分别，很痛苦。但你又没有做错任何事情，我不知该怎么开口。"

云黛问李明："你理想的生活是什么样？"李明说："一家三口，吃饱了，在院子里晒晒太阳，就够了。"那天的阳光，是近一个月来最好的，还有微风，李明开车送云黛回家，他的头发被风吹得向后拢着，白净的脸，仿佛吃了桉树叶的考拉般满足地笑。下车时，他或许是想问"下次见面什么时候"，但迟疑了一下，没有问，只说"上楼小心"。云黛什么也没说。

电话里，介绍人絮絮地说着，说李明对她的印象很好，劝她抓住机会，放下面子，不要矜持。

她客气而礼貌地听完，放下电话，默默对自己说："我也许再也遇不到一个像他这样适合结婚的人了。"默默地听见自己心里那个声音说："即便如此，我还是做不到和一个自己不爱的人相守一生。"于是认命地看着炉上蓝色的火苗，轻轻地盖上瓮盖，仿佛把那些最宝贵的东西，深深藏在了心底的盒子里。

这个世界好像不值得留恋，却会在你最灰心失望时给你一勺蜜糖。

※ 黄色中草药
※ 生姜。辛，微温，无毒。归五脏，除风邪寒热。益脾胃，散风寒。

黄色较少关注感受，更多在意目标的达成。黄色男人一般在生命早期就很明确自己要干什么，并坚忍不拔地予以实现。与黄色男人长久相守，若能帮助他的事业最佳，若不能，担当起后方的保障工作也是极好的。因为他们不相信甜言蜜语，更愿意看到你为之付出的行动。

心思细腻的蓝色女人，遇上行动大于一切的黄色男人，就像绣花针扎在了石头上，石头还没有察觉到，而绣花针已经折了。

　　林晗就是那勺天上掉下来的蜜糖。他35岁，未婚，拥有一家艺术品投资公司，还在闹中取静的红枫路开了家咖啡馆。

　　第一次见面，在他的私家庭院，一棵大银杏树抖落满身的金黄，叶子缝隙中漏下的日光，在青花瓷的茶杯盖碗上精灵般跳动。

　　林晗熟练地泡好茶，给云黛和云黛的老板敬上一杯："尝尝，看能不能入两位的法眼。"云黛品了一口，便知道是顶级的大红袍，再看这院子里，桌椅均是古藤编制，看似古朴，想必价值不菲。会面的本意是洽谈商务，却闲坐了许久只是品茶论道，这本也是城中现下的时尚，见怪不怪。

　　云黛要去洗手间，林晗亲自引路，云黛从洗手间出来，却见到林晗在荼蘼花架下恭候，这倒令她心下小小不安了。云黛走过他身边时，他仿佛耳语般低声说："我从没见过穿旗袍像你这般好看的女人。"

　　聊起收藏，云黛问和田玉什么样，他就拿出价值近百万的羊脂玉给她看。她说："怪不得说'谦谦君子，温润如玉'，这玉看起来是有一股暖意。"他便两眼放光，又拿出两块百万以上的。连云黛的老板都看出来了："今天我是沾云黛的光，一饱眼福。"

　　这次以后，云黛有心回避，林晗通过云黛的老板邀了她几次，她都借故不去。林晗便像着了魔似的，发了疯地找她，云黛有夜间关机的习惯，每天一早打开手机，总会跳出十几条林晗发来的短消息，内容五花八门，有古往今来的情诗荟萃，"衣带渐宽终不悔，为伊消得人憔悴"这种，也有更为直白露骨的，"想着不想我的你慢慢地入睡"。

　　云黛一直不回复，林晗便去她负责的展会现场，逢人便问云黛在哪儿。云黛看见林晗，才发现他真的瘦了，没刮胡子，样子有些狼狈。林晗说："你这个狠心的女人。"云黛说："我不是你想象中的那种女人。"两人似隔着银河在对话。

　　大约是动静太大，第二天，老板找云黛谈话。云黛还以为老板会劝她昭君出塞，为了公司与林晗的合作。老板却劝云黛"审慎"，怕云黛不明白，索性把话说得狠了些："林晗这个人，没有女人可以拴住他。你是适合当好妻子的人选，别误了自己。"

　　林晗堵在公司门口等她。一见面就说："给我一个理由，为什么不接受我，我有什么地方不好，我改。"她说："能不能放过我，你觉得我有什么地方好，我改。"林晗愁苦的脸突然大笑起来，她也笑了。

　　这一笑之后，两人的关系变得像朋友般轻松。林晗依旧每天发大堆的短信给她，她隔三岔五的也会回复一下。总有耳报神告诉她，林晗和某某女生牵手逛街，林晗送给某某女生一块钻石手表，她从不多问，也不会向林晗提起。一天中午，林晗打电话来，竟是口齿不清地醉着，她怎么也想象不出他为何会在大中午喝醉。林晗只是不断地叫她的名字，那边有女子的笑声。她没说什么就把电话挂了。傍晚，他发短信来道歉，她不回复，他竟突然说："嫁给我好吗？"她想了想，回："你确定吗？外边春光正好，万紫千红。"他回："婚姻制度是不人性的，但我相信我俩会幸福。"她回："只有前半句是真话。"

火候已差不多，深色的药汁发出"咕嘟咕嘟"的声音，浓郁的药香扑鼻而来。她关了火，看见手机上还在不断地显示林晗发来的新消息，便把屏幕关了。

"谢谢你的爱，但这已是你我最好的距离。"她在心里敲下这条消息，按下发送键。

※ 绿色中草药
※ 甘草。甘，平，无毒。通经脉，利血气，解百药毒，安和七十二种石，一千二百种草。

绿色是"随遇而安"的最好代表，在其他三种性格看来，绿色简直就是百搭，能忍受一切其他性格所不能忍受的人和事。作为伴侣，绿色男人是那么的温顺、平和，不和你发生任何冲突，但是，他也不能带给你激动、变化，和琼瑶小说里的那种爱情。

蓝色女人选择绿色男人的可能性还是比较大的，因为在蓝色的心灵深处，对于高调的爱情保持怀疑态度，她可以守住一份不为人知的深情，而将现世的安稳交付绿色。

终老之前，总有一场惊心动魄的爱情在等待。

她不写微博，不聊QQ，只在公司内网的论坛上看看帖子，偶尔留言。她喜欢一个叫"蓝月"的发帖者，蓝月只发电子产品的技术分析帖，估计多数人不感兴趣，或被标题的枯燥吓倒了，帖子经常零回复，唯有她细细读过，能品出那种难得的深邃与幽默。更难得的是，蓝月固定在每周四晚上七点发帖，像新闻联播一样准时。

关注了一年多，一个周四的晚上，她看完蓝月的新帖，发现帖子下面多了一条蓝月自己的回复："明天上午10点，到12楼大会议室开会。"云黛正是在12楼办公，正对着大会议室的办公桌。第二天，确实有一拨人在大会议室开会，是17楼的网络部。

会议结束时，十几个穿西装打领带的男人从会议室鱼贯而出，根本看不出有某个人比较特别。下班出大门时，前台的娜娜叫住云黛，递给她一个文件袋。她问谁给的，娜娜说："17楼的一个男的，公司里的人太多了，很多面孔我对不上名字。他说和你说好的，你会知道。"她回到家才打开文件袋，里面是一张戏票，孟京辉的《一个陌生女人的来信》。

下班路上，她坐着公车，望着窗外缓缓掠过的树木，发现枝丫间开满了白色的小花，忽然很想知道它叫什么名字，那一瞬她知道自己恋爱了，死了的心苏醒了过来，悲欣交加。

直到灯光暗下来，开演前一瞬间，他才坐在她身旁的位子上。漆黑的小剧场，舞台上的光清冷地照在他脸上，她问："你怎么知道我会来？"他安然地回答："我不知道你会来。"

戏看完了，许多看戏的女人都哭得稀里哗啦，她脸上一滴泪也没有，只是默然地坐着。所有的观众都退场了，她才缓缓地起身离开，而他一直陪着她，什么话也没说。

他们之间很快就有了那种别人所不能理解的默契，比如他开着车，她坐在副驾驶上，他说："饿不饿？"她说："左转。"他便径直将车开到左拐弯处一家越式茶餐厅。点菜时，他让她点，点好以后，他把菜单要过来看了看，她便对服务员说："加个凉瓜煲龙骨汤。"他轻声说："你总是能知道我要什么。"她心内也惊异，真的遇上这么个人，让她最纤细的神经都感到满意了，她自己却惶惑，不敢相认。

公司里没有人知道他们的事，她依旧每周四晚上八点准时看他的帖子。天气渐渐热了，他们各自请了年休假，一起去峨眉山旅行。凌晨三点半，坐大巴从半山上金顶，她看着窗外，他把iPod的耳机给她戴上，耳边响起"那些痛的记忆，落在春的泥土里……"她仰头望着窗外的参天林木，在墨蓝的天空下，纷繁的枝叶如美人的长袖般冉冉飘过。为什么最美丽的时候，她却想落泪？

山路并不崎岖，只是他们都喜拣人烟较少的岔路走，每遇到一个破旧的庵堂或小庙，他都认真地随喜一番，遇上特别热情的和尚，便会打一两句机锋。天色见黑，他们都想住在庙里，但唯一提供住宿的万年寺只剩下一间空房了。事先做过攻略，知道附近还有其他旅馆，但当他沉吟着望向她时，她说："住吧。"

一张很大很大的床，他们分别裹着各自的被子，和衣而卧。有一句没一句地聊着，从音乐、佛学到茶道，他们的爱好惊人的一致。快要困得睁不开眼时，他说："我有一个女朋友，从小认识的，我们两家是世交。"顿了顿，艰难地说："她……已经离不开我了。"她良久没出声，在他快要睡着时，她说："我从没问过你，你是怎么知道，看你的帖子的那个人，是我？"

他说："去年3月18日，今年1月10日。"这正是她仅有的两次回复他帖子的日期。他负责网络部门，追踪IP易如反掌。她不再说话，他也不再说话。

旅行回来，她不再上公司内网的论坛。旅途中受了风寒，去看中医，拿了几服药。

手机铃声响起，她按下通话键，一阵短暂的沉默后，电话那头响起乐声："遗忘过去，繁花灿烂在天际……"她静静地听完整首，又沉默了一会儿，那头把电话挂了。听说，他明天结婚。

情缘里千难万劫，总好过从未碰头，从未知晓彼此的存在。她望着面前这碗属于自己的汤药，心情异乎寻常地平静。

请赐我一服药，如红色之明媚炽烈，如蓝色之幽邃神秘，如黄色之刚直果敢，如绿色之万法归心，解情感之滥觞，祛情花之百毒。

我们常在爱情中迷失，
也常常期待在迷失时遇到爱情。
所以，
相爱的两个人，
总会猜想对方的心思吧。

那么，看清爱，看清他／她，
试着用性格色彩来学习如何爱，
这样，对于爱情，我们会更加笃定。

PARENT
ARTICLE

亲子篇

大多数家长看似是最熟悉孩子的人，
实际上却从未真正了解过自己的孩子。

摸准孩子的脾气

文 / 白亦薇

色友、国内知名律师事务所合伙人

我敢说，没有一个家长不会不全心全力，甚至透支能力去教育和培养孩子的。

但效果却未必好，原因从表面上看来，在于孩子的玩心重，不听话。任凭你虎妈狼爸，重罚怀柔一起上场，照样我行我素，内心里颇有自己几分的小主意。

我还敢说，大多数家长只是看似是最熟悉孩子的人，实际上却从未真正了解过自己的孩子，所以，这种建立在不了解基础上的教育，根本就是和孩子的脾气作对。

"江山易改，本性难移。"这不是顺水推舟事半功倍的教育方式，其难度不亚于一场"革命"。

关键是吃力不讨好，反而把孩子给耽误了。

A：调皮的小斌

我见到过的最皮的孩子，叫小斌。

小斌4岁半，只要到了亲子课堂上，他就彻底地"疯"了。每堂课都不老实，对老师讲的内容，做的游戏兴趣都不大。他做得最多的事，就是"招惹"周围的小朋友。不是跟这个说说话，掐掐摸摸那个小朋友，就是兴趣盎然地跟别人讨论自己感兴趣的玩具，还时不时问其他小朋友要不要一起去做他感兴趣的事。

对付这样一个顽皮的孩子，无论小斌的爸爸还是妈妈都觉得很没面子。他们认为孩子过度调皮，甚至影响到了周围的小朋友和他们的家长。

最初，带小斌来学习的是他的爸爸，后来爸爸大概觉得每次来对自己都是煎熬，要赔着笑脸跟别的家长解释，屡次呵斥小斌，甚至威胁不让他吃晚饭，再严重就动手揍人，但也没有显著的效果。最后小斌的爸爸选择了"逃避"，上演了一出爸爸去哪儿了，换成了由小斌的妈妈带他来这儿学习。情况并没有什么改善，爸爸的"威胁"和妈妈的"怀柔"，用玩具，必胜客，回家多看一会儿动画片来诱惑他就范，依旧没有效果。

最终，小斌当众挨了揍。小家伙颇为不服，噙着眼泪，倔强地看着妈妈。妈妈无计可施，私下里找老师商量，后面的课程孩子就不来上了，能不能退款。

这样的小孩，应该说生活中很常见：他们做很多事情都是三分钟热度，脾气上来了软硬不吃，自己想不通的事别人很难说服，能把家长气得半死。而对于自己不喜欢或者不感兴趣的事情，则很难集中注意力，就算表面上眼睛看着，思想也不知跑哪儿去了。

我知道，这样的孩子几乎很不讨喜，无论是在家里，还是将来去了幼儿园和学校。他们的家长所采用的方法无非就两种：一种是我奈何不了你，听之任之；一种是再歪的小树，我怎么也得给你扳回来，实在不行上"铁丝"强行固定，不相信你的脾气能够扛得住我的冷脸和拳头。

B：万万没想到

对孩子教育的核心关键，并不在于能够驯服孩子，虽然这能够让家长获得成就感以及安全感。

小斌从亲子教育培训上"消失"了一个月后，重新出现在这里的时候。整个人都变了，是爸爸妈妈带着他一起来的。他变成了一个言听计从的小老头，沉默寡言，不再活泼顽皮，简直变成了一个木偶。父母在这一个月内，对他的方法就是硬碰硬地对抗。在这种并不公平的对抗中，没有经济权，吃饭、穿衣、看动漫、买画书的权力都掌握在父母的手中，而且父母还有比他更硬的大拳头，他当然是只能吃亏，认输了事。

只是，看着他的爸爸妈妈一副沾沾自喜的样子，跟其他家长谈起自己得意的成果。我觉得，生活中我们最常见的一幕发生了，那就是教育孩子的意义跑偏了方向，让好的结果离他们越来越远。

父母们几乎认定了一个原则：那就是当爹妈的，永远不会坑自己的孩子。所以自己做什么都是为孩子好，为他们选择，划定了对将来最有利的道路。

实际上真的如此吗？事实上恰恰是相反的。

正如小斌的父母，所谓成功的教育起到的作用，是打掉了孩子身上所有的优点，把他从一个原本有闪光点的孩子，变成了一个从众的、庸常的机器。

恐怕小斌的父母万万没想到，小斌在他们的教育下得到了所谓的循规蹈矩、彬彬有礼、礼貌懂事，而失去的是出众的沟通能力、胆量、创新能力和显现出来的"小荷才露尖尖角"的人际沟通能力。

相比于得到的听话和遵从，未来对小斌起到最大影响的，能够让他闪光的那些优势，已全部消失殆尽。你很难不去说，他们扼杀了一个孩子未来竞争时的闪光点，扼杀了一个孩子原本可以更加出色的未来。

C：摸准孩子的脾气

脾气，换而言之就是一个人的性格特点。

从我们刚才提到的小斌所表现出来的种种特质来看，小斌的性格色彩无疑是红色的。

而相应来说，只有了解了红色的特征，才能够更加到位地对他进行教育。他需要的并不是软硬兼施地扼杀他身上的优点，而我相信，家长需要的也不是。

无论孩子是什么样的性格色彩，教育所起到的作用，是要保留他们的优点，慢慢地发展和弘扬他们的优势，建立起他独特的、适合自己的性格特征。

依旧拿小斌来说，对他的教育，应该做到以下几点：

1. 认可孩子正确的行为。在他做得正确的时候，要大力给予认可和赞扬，而在他做错的时候，不给予任何反应或者认真而没有情绪地说明他这样做是不对的，告诉他应该如何做。红色的天性需要关注和认可，这可以强化他们的正确行为。而对于错误行为，打骂也是一种关注，只有无情绪地告诉他什么该做什么不该做，他才知道这样的行为无法获得所需的关注，会自己调整出更多正确的行为而慢慢地淡化错误的行为。

2．建立规则，并严格执行。红色的孩子思维活跃，可能会不断地提要求，如果你没原则又容易妥协，他会见缝插针。因此，要事先建立规则，今天说让你跟一群小朋友玩耍，那就可以玩耍，但前提是在培训讲课的过程中，不能带着其他的小朋友开小差，骚扰到其他的小朋友。明白想做自己要做的事，必须先付出一定的代价。

3．让他们从小就有一定的后果意识。这类性格的孩子天性是乐观积极的，他们总能看到和想到事情美好的一面，对后果的严重性预估不足。家长要从小帮助孩子更全面地预估事情的好处和问题，更要让孩子看到后果的严重性，帮助他让他有一定的后果感，能够自己面对和规避一些问题。

4．给他们一定的情绪空间。当他们发脾气时让其发，你不要着急、焦虑，因为那是他们自我发泄情绪的一种方法。这类孩子从小就比别人快，要帮助他们放慢节奏，遇到每件事时不要急于做决定。

D：性格色彩是张地图

我想，每位家长在教育孩子的时候都需要一张地图，明确地告诉你走哪条路，能够让孩子更加出色，教育和管理起来更加顺畅。

这要特别清楚孩子的脾气，而非只是自己感觉到的孩子是个什么样子什么脾气。

每个不同性格色彩的孩子，都有着不同的特质，如果在教育上不根据他们的脾气来对待他们，那么教育的结果一定不会太好。

所以，需要每个家长在真正地拟定对孩子的教育计划之前冷静下来，冷眼旁观，先对孩子的性格色彩有一个多方面的了解。

刚才，我们已经提到了红色色彩孩子的特征。那么，在孩子日常的表现中，也能根据不同性格色彩的特征，观察出他们的性格色彩来。

红色

性格特点：外向开放的性格。乐观开朗，有强烈的倾诉和互动需求。多动，淘气频率最高，对于不感兴趣的授课，只要听会了立刻就开始玩了。喜欢拆卸一些机械和物品。经常一会儿一个想法，别人的认可和关注是他们前进的最大动力。

蓝色

性格特点：内向不愿意表达的性格。敏感、细腻、谦虚。情绪相对较稳定，学习成绩也比较稳定。他们做事按部就班，看起来效率不高，实际上他们有自己的规则和规划。

黄色

性格特点：外向进取的性格。他们有主心骨，不断地提要求、自己给自己找事情做，一刻也不闲着。胆子大，有主见，从小就是振臂一呼而应者云集的孩子王。

绿色

性格特点：平和稳定的性格。情绪相对较稳定，不太愿意表达，也没什么要求，他们可以安静地一个人待一天。但是，对于要去做什么或者想要什么没有想法和规划。对于他们，需要小步渐进的教育方式，简单轻松的任务他们能够很好地执行。

E：不同性格色彩孩子的教育

对于红色的孩子来说：

1. 经常描述他们的长处，有明确引导的认可。红色基本上对所有的肯定都很敏感，也许只是习惯性地表扬一下，或者仅仅是敷衍，红色孩子都会深信不疑。而模糊或习惯性表扬多了，容易让红色孩子产生依赖，一旦有一天没有了，容易产生焦虑情绪，无所适从。另一方面，仅仅是笼统的表扬，也容易让红色孩子只是体验了情绪层面上瞬间的满足，而不知道自己究竟为什么得到表扬。因为红色孩子本身比较容易浅尝辄止，不喜欢钻研，得过且过。靠他们自己去思考表扬背后的东西比较困难，这就需要表扬时给予明示，用一种情景模式表扬孩子。比如："你今天上课没有和同学说话，认真听讲，老师很高兴，老师相信你明天会比今天更认真听讲，你真棒。"而不是仅仅说："你今天的表现不错。"

2. 让孩子感受到爱。这类性格的孩子是感受型的，要让他们感受到你的爱，光说出来、给个眼神还不够，还要经常有些动作，如搂一搂、抱一抱他们。

3. 安排足够的娱乐时间和空间。这类性格的孩子善于把很枯燥的事变成游戏来做，能把复杂的事情简单化、娱乐化，给他们娱乐时间，他们会感到快乐，并把事情做好。

4. 经常检查他们的做事进度。由于玩性太大，干正事的时候，这类孩子容易边干边玩，很难长时间坚持，所以需要不断地提醒他们。对于红色的孩子来说，要想让他们改正缺点，赏识教育最适合。

蓝色的孩子比较冷静，那么教育起来也要有独到的一面：

1. 不再过多强加要求给孩子。蓝色的孩子注重细节，对自己的要求很高、很严，父母再对他们高标准会加重他们的累，从而形成焦虑。完美主义和小心谨慎也导致他们生活中的烦恼尤其多，对自己的过度苛求也成为一种精神负担。尤其是在受到打击的时候，一旦情绪陷入其中，就很难自拔。给予蓝色孩子肯定也是很重要的，给予肯定的时候，不需要泛滥，不需要数量多，但求质量精，一定要恰如其分且精准。

2. 默契地感受到他们的需求。蓝色的孩子倾向于婉转表达自己的想法和需求，家长很多时候需要耐心地倾听和理解，才能感受到。用心体会蓝色孩子的内心世界，用细腻的情感表达对蓝色孩子的尊重和肯定，不要过度谴责蓝色孩子，更不能用冷暴力对抗他们。其实对于蓝色孩子来说，如果犯错，他们是完全自知的，用温和的态度与他们做深层次的沟通，让他们产生信任感，愿意说出自己的心里话，比用严厉的语言批评，效果要好得多。

3. 不催促他们做决定。这类性格的孩子要想做决定，一定是想清楚了、想完整了、想得完美了才会说出来。大人在帮助他解决问题的过程中，如果他们没有想通、还是不理解，催他们也没用，他们不会配合，他们的"拧劲儿"也表现于此。

而黄色的孩子，则又要采用不同的方法：

1. 给他们一定的职责和决定空间。黄色的孩子与生俱来的领袖气质，使得黄色孩子不会甘于被人领导，就算处于被领导的情况下，也一定会争取扭转局面，让自己成为那个真正的操盘手，把形式上的领导者掌控在自己的手中。比如在亲子教育培训上，应该诱导他们参与培训班活动的时候，去引领一些小朋友一起完成今天培训的游戏。只要让他们有带着大家玩的空间，他们就会乖乖听话，而且潜移默化地就学习到了如何在规则当中，运用自己的性格优势。

2. 不要试图让孩子口头认错。黄色孩子骨子里是不服输、不认输的。他们很少向别人提问，宁愿自己想破脑袋解决问题，也不愿意求助于别人，因为一旦问别人，就意味着自己很弱。在被批评时，他们极少认错，死也要撑到底。不要试图让黄色的孩子口头认错，你只需要有理有据地告诉他们错误之处，接下来看黄色孩子的行动吧，他们行动上表现了对你批评指点的接受。

3. 给予孩子有难度的任务。外表强硬、好胜的黄色孩子在肯定的方式上，有他们独特的需求。有力度的赞美是一种肯定，而给予高难度的任务是一种更高级别的肯定，会让他们备受鼓舞，仿佛千里马遇到了伯乐，终于可以一展拳脚了。而千里马在伯乐面前也会表现得分外乖巧，积极配合，听从指挥，正所谓吃软不吃硬，你敬我一尺，我敬你一丈。这就是以柔克刚，用尊重和欣赏软化黄色，引导黄色。

绿色的孩子，教育起来既麻烦又不麻烦：

1. 不要忽略绿色孩子的需求。绿色孩子在各种环境中往往充当一种配角，或者跟随者的角色。绿色孩子不会主动争取什么，就算是给到他，他也不会有太惊喜的表现。但这不代表他们没有需求，他们的需求是通过反问你的需求来提出的，他们会问别人是否需要什么，就算你不需要，这时候不妨停下来想想，绿色孩子是否需要？

2. 同他们一起定下"懒人手册"。父母常常觉得绿色的孩子无欲无求，没有目标也没有行动力。事实上，绿色孩子身上有着很多大人一辈子都无法修炼的珍贵品质——平和。这种平和可能会让绿色孩子比别的孩子慢一拍，但是如果发挥好这种平和的价值，让绿色孩子的脚步加快，他们能够取得比其他三种性格的孩子更大的成就。同他们一起定下目标，最重要的是制定好每一步如何达成目标，步骤小到所有人都可以执行，因为当绿色遇到自己无法操作的事情，最常有的做法是不说不问坐等别人来问，并等别人帮忙解决，所以给绿色的计划要像"懒人手册"，所有人都会操作。

3. 家长放慢下指令速度。大人总习惯用自己的节奏急匆匆地下指令，与孩子经常不在一个"频道"里说着同一频道里的事，亲子之间易发生冲突。而对于本来就害怕冲突的绿色孩子，更要放慢下指令速度，并且不断确认他是否理解了，会如何去操作。很多次面临选择的时候，绿色孩子就被难住了，他们为了避免人际冲突，经常挂在嘴边的就是"都行""你说吧""我也不知道啊"这类模棱两可的话。给予细致的指导，用具体的步骤告诉他该如何做。当绿色孩子发现选择其实没那么多风险，相反，可能还会赢得更多的尊重和支持，有更多的人希望他们这样做时，他们自然也就会选择一种更为其乐融融的生活方式。

4. 学会安排"温馨时光"。每天都安排一段时间作为"温馨时光"，以孩子为主角，鼓励他们表达自己的想法，让他们有一个安全的心理港湾。

5. 不要说他们磨蹭。磨蹭是一个负面的词，很伤人，家长完全可以用其他的话来代替磨蹭，如：妈妈在等你，我知道你一定还可以再快一些的；宝宝已经比以前快很多了，真好！

教育孩子，先别跟脾气做对，抓住重点。

红色的针对细节进行夸奖、给予前进的动力；接受蓝色的按部就班追求完美，不要让其面临太多变数；黄色的让他们在规则内自由展现组织领导能力；绿色的带着他稳步前行，建立其乐融融的氛围。

只有掌握了孩子的性格色彩，才能找出更好的办法，也才有可能给孩子他原本能够得到的，或者说更好的未来！

爱请直接说出口

文 / 敖然

色友、国家二级心理咨询师

爱你在心头口难开

从小父母对我就是严厉教育。他们信奉棍棒底下出孝子，认为人就是需要批评和鞭策的。所以我也一直认为严师出高徒，严教出孝子，也习惯了批评和说教的方式。做得对的无需多说，做得不好的必须严厉指出，即刻改正。我的性格就是如此，简单直接，当然也会口无遮拦。我一直觉得我和老公是最亲近的人，所以有什么话直接说就是了，所以有问题直接解决，有要求直接提出。是的，这些都是我觉得。

我当然知道，人都喜欢得到认可和赞美。在工作里，我会很容易就找到赞美的点真诚地和顾客沟通。可是和亲近的人，我一直都是"爱你在心头口难开"的状态，不是特别容易赞美家人或者朋友。都说损友才是最佳朋友，最爱你的人才会直截了当地指出你的问题，所以我直接说明家人和朋友的问题，证明我是爱他们的啊……

我当然也知道，很多时候，其实我们是以爱之名，行伤害之实。可是很亲近的人，称赞起来总是怪怪的。

现在想来，其实红色的我也是希望得到认可和关注的，总会问儿子更喜欢爸爸还是妈妈，总希望老公多夸夸我的打扮，我下厨的手艺。在工作中，领导一句"做得很好"会让我倍儿有干劲。为什么我却不能主动地表达我对别人的欣赏呢。

我需要改变！

控制我的情绪

以前下班回到家，儿子总会很开心地凑上来和我玩。上了一天班，我已经觉得很疲倦，但是还要耐下性子陪他。有时候，我一边陪他做作业、玩，一边还惦记着有家务要做，或者有其他事情没完成。想着事情一堆一堆的，免不了就心情急躁了，儿子一吵闹或者不满足，我就容易急火攻心，训斥他几句。其实现在想想，是自己之前的情绪就不好，儿子一有什么事情，积压的情绪借着某个点，就爆发了。

对于红色的我而言，情绪控制是个很大的问题，情绪好了可以陪儿子闹到半夜，情绪不好就一句话也不想说，小小的烦心事就会像爆竹一样被点炸。往往生气地说完儿子，看着他委屈的表情，我也很心疼，但是也不知道怎样和他沟通比较好。我知道儿子渴望互动，可是当我同时分心在几件事情上时，往往容易忽略儿子的感受。

有时候，我都觉得除了问吃了吗、喝了吗、考试多少分，和儿子就没话可讲了。他也慢慢开始对我有了抗拒，不愿意和我分享在学校的事情。总是借口儿子长大了，越来越独立了来自我安慰，现在想来，是我的沟通模式把儿子越推越远了。

爱他，从赞美他开始

当我知道老公和儿子都是红色，而红色天性需要得到他人的认可、需要人际的互动和反馈时，我忽然觉得自己过往对亲近的人似乎真的太过分了。将心比心，我期待别人给予我的，自己却从未主动给过别人。

而赞美家人，似乎也没有我想象的那么难。

前几天到外地出差，出差前其实和老公有些矛盾，但是我也不想示弱。可是想想，其实自己也有问题，僵持着我的心里一直觉得有个疙瘩。想到说，你希望别人怎么对你，你就必须先用适合的方式对他。既然我决定要改变，那我必须自己主动调整。

晚上回到酒店，我主动给老公打了电话，向他报告这几天出差的情况，并且告诉他，自己仅仅这几天在外面就感觉非常不好，非常想念可爱的儿子和家的温暖。自己在外才真正体会到，他为了我们这个家的辛苦劳累，一直在外奔波的不易。

我真诚而直接地感谢老公这么多年来对家庭默默的付出，直接说："老公，你真的太伟大了！"顿了顿，然后我主动承认了之前的错误。

听完我的一番话，老公马上就改变了态度："其实，我经常出差在外地，爸爸、妈妈和孩子我都很想念，家里幸亏有你，我在外面才能没有后顾之忧、安心工作。你每天在家照顾孩子也很辛苦，我对你们的关心也不太够，我一定抽时间多回来陪陪你们。"

和老公通完电话，我们的心情都好极了。原来不是我们彼此不够关心对方，只是没有用对适合对方的方式。

发自真心地赞美

出差回家，正好儿子放学，和老公一起来机场接我。看见儿子，我特别开心，抱着他就啃了好几口。宝贝儿长大了，觉得有点害羞，把我推开。被推开的时候，我其实有点伤心，心想我这么表达我想你，你还不领情了。可再想到红色其实是喜欢情感互动的，可能是人多不习惯吧。我还需要继续调整。于是，我很直接的就开始了对他的赞美："宝贝儿，宝贝儿，妈妈可想你了，就想抱抱你。"他很开心，眼睛转了转，主动上来搂着我亲了我一口。这在之前真的很难得。我心里想，当面开口赞美也不是很难嘛。

回去的路上，我没有像以前一样一开始就问儿子这几天学习怎样，而是先在路上聊了聊最近家里冷不冷啊，是回奶奶家住还是在自己家住，看了什么好玩的电视没……这些家常。

其实在聊的过程中，一听他扬扬得意说到自己在奶奶家看电视，我就忍不住开始有点想发火，眼睛都近视了还看电视。他奶奶和爸爸居然都没有管他。想了想，我还是忍住没打断他。

聊了一会儿以后，我不像以前一样直接说"你眼睛都近视了还看电视"，而是换了一种方式讲："儿子，你看电视以后有没有看看远方保护一下眼睛呀？你看，这么漂亮的眼睛，要是近视了戴上眼镜就不帅啦。"估计儿子没听懂我这是在说他，还是蛮开心地"嗯"了一声。不过，后来晚上还真的乖乖地没怎么看电视。其实有时候，训斥和鞭策不一定是最好的方式，最重要的是正确的方式，让他在心里接受我提出的建议，自己主动去调整，效果更好。

晚饭后，儿子开始做作业。我知道自己容易分心，会因为牵挂其他事情而急躁。而这次，我没有再想做家务或者其他的事情，就专心地陪他做作业，做完作业还陪他画画。

躺着聊天的时候，他开始告诉我他跟班级里小同学的事情。得意扬扬地和我说老师今天又表扬他了，因为他课堂回答问题回答得很踊跃。我听了也很开心地继续夸他，并且亲了他一口，这次他没有再躲开。

取长补短，就是修炼

看着儿子甜甜睡着的样子，我心里其实蛮难受的。过往种种的我以为，导致自己错过了那么多他成长的美好瞬间。还好，我发现得不算晚，还有改变的机会。

其实，每一次的认可和鼓励，儿子开心，我也很开心。发现他的优点，他会知道自己该怎么做，此时的鼓励是对他积极行为的一种强化。看到他的问题，用适合他的方式交流，他接受了之后，就会自己主动地做出调整。也许会有反复，这需要我们持续的提醒，但是开始改变一定是我们有效影响的结果。

你的改变一定会带来对方的改变，这是最美好的状态。

女王炼成记

文 / 祁燕菲

性格色彩认证演讲师、高级营养师、高级育婴师、国家一级心理咨询师

女王驾到

　　如果说红色女孩是善变的公主，绿色是乖巧的侍女，那么黄色无疑是威仪的女王陛下。

　　七月盛夏，参与了一场夏令营，与性格各异的孩子共处七天。红、蓝、绿都有，最让我印象深刻的是组里一个十岁的小姑娘，天生具备了黄色的品质，又有很多的独特性质。

　　如果我们认识一个黄色的成年人，会了解他的特性、优势过当，比如忽略感受、目标导向，但是并不能理解他为什么会这样，因为你未曾参与过他的童

年，不知道他是如何长大的。而与孩子相处的七天，使我从另一个角度，洞察了一个具备黄色基因的孩子，是如何被练成女王的。

薇薇其貌不扬，看起来是个质朴的小姑娘，我们组有五个十岁左右的小男孩，只有她一个女生。开营的第一天上午，在调皮捣蛋的男生中，我只觉得她是个很乖的孩子，话不多，不瞎起哄，但是真委派她发言的时候，她立刻不推诿地举手，回答得镇定自若，颇有黄色的沉着大气、独当一面的气势。

中午吃完饭，看到她在另一桌与我的搭档——本组的另一位主导老师在聊天，便走过去凑个热闹。

同事叫鹏飞，孩子们称他飞哥，是位三十岁出头的北方小伙子。薇薇正给他指导婚姻呢，告诉他应该怎么讨好老婆；鹏飞很配合地和她侃，我也捧逗几句，也是想通过这样的方式来了解孩子吧。

之后，我和鹏飞说，这孩子怎么那么成熟啊！虽然说的是玩笑，但那口气，那阅历绝对不是一个十岁小女孩的见识。

晚上吃饭的时候，我们和主讲老师——海蓝博士坐在一桌，薇薇暗示我为她引荐。我想培养孩子的人际交往能力，于是告诉她想认识的话就自己去。她踌躇一番后，是这样和老师说的："那天，我和我舅妈（也是我们的另一位带队老师）来营地，看到舅妈叫你老师，我问舅妈你是什么老师？中学老师还是大学老师？舅妈说你是她的老师，也是这次上课总负责的老师。"

我暗笑，这颇有技巧的自我介绍，似乎是在说某某某是我大哥，你看在他面子上要罩着我些啊！虽然有很多孩子似乎懂很多，但很大程度上是跟大人鹦鹉学舌，但薇薇不一样，她不仅讲话老成，思维方式也趋于成人。

谁说了算

黄色还有一大特点是有控制欲，在工作上要掌控大局，对生活是每个变迁都要在自己可控的范围内，在情感中是用各种方式让对方听她的。我很快就领略到了薇薇的控制欲。

夏令营的有些规则是每个小组自己商定的。

第一天就明确了几项：比如小组讨论的时候不许看手机，轮到谁发言的时候谁才能发言，别人说话的时候不能插嘴，等等。

第一天我发现，小朋友都交了手机，而薇薇没有，她偷偷地藏着，时不时拿出来看一看。我暗示她把手机交上来，她说有事需要联系。我看她并没有影响到其他人，而且我也不是太强硬的人，就没有再坚持。别人发言的时候薇薇几次插话，被老师制止了，她有些不高兴。轮到她说的时候，她却说："我没什么要说的。"老师问她："你真没有要说的？"她点头，我示意等了两分钟，她依旧没有话要说，于是我们就继续下一个议程了，这时候，她忽然说："我还有句话要说。"

我和老师使了下眼色。是的，我们都察觉到了，这小丫头是故意的。于是老师告诉她：现在已经过了你说话的时候了，你要说等下一次轮到你的时候再说。

其实我和老师早就发现她数次用小伎俩与我们争夺主导权，而我和老师也坚决地执行着职责，必须要让她明白，这里谁说了算。

永不服输

薇薇在学校是班长，学习成绩名列前茅。她告诉我曾经有一次她做错了一道题，为了惩罚自己，自罚抄写了一百遍。

小小年纪就有这样的狠劲儿，真吓人！

那天的课程中要写一份作业，我和薇薇遛弯儿的时候遇见海蓝老师，老师说薇薇的作业写得不准确，没写到位，把作业还给了她。

在我看来，这只是一次很普通的点评，写得不好就再写一次呗，又不是什么严重的事，也不是重大考试，而且当时四下无人，只是我们私下的交流而已。

谁知道，薇薇在原地站了很久，沉默地把作业撕了，撒了满地，然后跑了。

我想这小丫头真够倔啊！一个黄色是无法接受自己失败的，不容许被否定，总觉得自己的是最好的，谁若不认可她，她也会拒绝她。

午饭后，我看到她无精打采地躺着，便前去疏导她。

"还为刚才的事情生气？"我问。

"她凭什么这么对我？"

"怎么对你了？你是指老师说你的作业？"

"她凭什么说我，从来没人说我的作业不好。"

"老师评价一下作业，很正常的，她又不是故意针对你。你的作业就只能被表扬，永远不会做错吗？"

"那她也不能这样说我，看着她就来气！"薇薇边说，边拿着手机在删照片。我一看，她把昨天与老师照的一张张亲密的合影全部删除了。

这变得真够快的！昨天还笑靥如花呢，今天就那么大仇恨了啊。真可怕！

"每个人都会犯错的，犯错了并不代表这个人就不好了，你以前也做错过题啊，我也一样。这没什么的，老师给你提出来，并不是认为你就不行了，我相信薇薇是很棒的！只要你愿意，能写得比任何人都好，一定会让老师刮目相看的，让她不得不表扬你，这才是本事呢！我相信你一定可以的，对你特别有信心！"最后，我是这样安慰她的，因为黄色有强烈的求胜欲望，永不言败。

第二天课前，我看到薇薇拿着两页写得整整齐齐的纸交给老师。回到小组里我悄悄问她："重新写啦？"她点点头："我昨天写到一点钟呢！"老师马上就点评作业了，由于薇薇的作业是新交的，还没来得及看，老师表扬的优秀作业是薇薇同寝室小姑娘的，薇薇在台下愤愤不平地对我喊："她那份作业是我教她写的！"

"我知道，我相信你，薇薇是最棒的！"我笑着对她竖起大拇指，内心充满了对这个知错能改，永不言败的姑娘的钦佩。

既亲密，又疏离

四个性格色彩中，红色最不能忍受误会，当红色被误会时，会情绪激烈，会大吵大闹或委屈如祥林嫂。而黄色却不喜欢解释，他不会让自己纠缠在争辩的旋涡中，而是用事实证明，或远离那些误会他的人。

而薇薇呢，她会一走了之。在夏令营第一天，我就不幸触发了她的模式。

那天傍晚，结束了一天的课程，孩子们在寝室里跳啊、蹦啊，几乎要把房子拆了。玩疯了的小家伙们，难免有些不知轻重，很快一个小男孩倒下了，说是有人踢到他了，很痛。薇薇凑上去，不知说了句什么，受伤的小男孩跳起来要打她。

薇薇大概觉得很意外，愣了一下，我们也没反应过来是怎么了。两个孩子僵持了一会儿，还没等我们问明白，薇薇拿起背包冲出了房间。我感到莫名其妙，只好跟着她。她跑得飞快，从三楼到二楼，她回到自己的房间，说要拿行李回家。我更加诧异了，究竟什么事啊？开营第一天就要走？好像也没发生什么啊？断断续续中了解到，那个男孩要打她，她觉得她什么都没做，很委屈，更觉得别人在欺负她、冤枉她。我告诉她，也许是对方误会你了。薇薇说："他以为他是谁啊！我就说了一句话，他就要打我，他以为他是老大啊！那就让他当老大好了，我不要和这些人一起了。"

"没有人说他是老大，也没有人说他是对的。刚才我们也不知道是怎么了。不管怎么样，他打你肯定是不对的，我们也不会容许这样的事情发生。我们回去，把事情说清楚好吗？"我继续劝说。

"不说了，和这种人没什么好说的，我要回家，我让我妈妈来接我。"薇薇边说边往一楼跑。

我想这女孩真是倔啊，只好继续跟着她跑，一边继续试着同情她："我知道薇薇特别委屈，你什么也没做，却被人误会，还差点儿被打，如果是我也会很难受。我知道你不屑和他们理论，但是你这样一走了之，就没有机会知道事实的真相了，也没办法为你讨回公道了。而有些不了解情况的人，会觉得这是薇薇的错，会觉得你是个胆小鬼，一走了之。"

在我不停地劝说下，薇薇终于同意回到三楼的寝室了。之后，事情很容易就澄清了，孩子们又很快就亲密无间、不计前嫌地疯玩起来。但是那一刻，薇薇异于常人的反应，让我留意，究竟是什么，让她对此类事件有那么大的反应。

有一个环节是让孩子们分享最讨厌的事，薇薇说最讨厌被人冤枉。我顺势问谁冤枉过她，她说妈妈。原来在一次暑假的时候，薇薇的哥哥要考高中了在复习，她看哥哥很辛苦，于是去给哥哥买烤鸡吃，哥哥吃完也没收拾。妈妈回来看见屋内一片狼藉，这时候薇薇正好在客厅，于是妈妈很生气地骂了她一顿。薇薇很伤心，因为根本不是她做的，她连一块鸡骨头都没吃。

我们的夏令营的一大特色是给孩子做心理咨询，我觉得这是一个做个案的时机，于是继续问下去，当时她的感受是什么，怎么想的，等等。当我们进入情境，试图让她经历那一刻的内心体验时，她忽然觉醒似的说："你们别问了，我不记得了。"

"真的不记得了？"我不相信。

"妈妈工作了一天回来很累了，她也不是故意误会我的，我应该理解妈妈，不应该生妈妈的气。"薇薇回答。

"我们不是说妈妈不好，的确妈妈也会搞错，妈妈也不是故意的。但是我知道薇薇当时很伤心，我想陪你看一下那个伤心的感觉，我们有些方法可以帮到你，这样以后再遇到这类事情，就不会被困扰了。"我引导她。

"我说了，我不记得了。"薇薇表现出明显的阻抗。

但是我知道，那不是真的，那个被冤枉的画面就在她眼前，很清楚，只是她刻意回避，不愿去看。我当时给自己的解释是，黄色嘛，是会回避感受的。

那究竟是因为她是黄色，所以天生没有感受，还是因为经常回避感受，才成为一个情感淡漠的人？我的心里升起了一个问号。

时隔几日，薇薇的"被冤枉"模式再度被触及。

那天，同样是在小组活动中，她不肯交手机，说是同寝室的小姑娘等下要来找她拿房卡。我问她是小组讨论重要还是其他事情重要，如果她觉得是另外一个重要的话，现在就可以离开。薇薇沉默。我指出她数度犯规的事实，也让小伙伴们给予反馈，孩子们觉得薇薇过于以自我为中心，总觉得自己的事情是最重要的，而不顾及他人的感受……

　　我听着，暗暗赞叹孩子们的眼睛是雪亮的，一个个说的都是黄色的特征啊！薇薇被批判得有些脸上挂不住。就在这个时候，薇薇同寝室的小女孩来找她了，我问她如果电话找不到薇薇，是不是有其他办法回房间。小姑娘说可以找老师，可以找服务员，总之有很多办法，并不是非要薇薇等着她的电话才行的。

　　这番对质，让薇薇彻底崩溃。黄色总是为别人拿主意，越俎代庖地做很多事，事实上在别人看来这也许并不需要。

　　所有的评价都对薇薇不利，都在否定她的所作所为，她倒在床头，用被子捂住了脸，我知道她哭了。助教把其他孩子带出了房间，屋子里一片寂静。是的，一片寂静，薇薇在哭，但她努力压抑着自己，不发出一点声音。

　　我的心里突然很难过，因为我从来没有见过一个孩子，一个十岁的孩子，是用这样的方式哭泣的。或许，多少个夜晚，她在家里，也是这样蒙着被子偷偷地哭泣。薇薇曾告诉我，有一次她同学住在她家，半夜不知道怎么就哭了，妈妈过来就给了薇薇一耳光，斥责道："你又欺负她了！"薇薇百口莫辩。所以，当有无法辩解的委屈时，不被认可的伤心时，黄色也是会难过的，但是她不能让妈妈看见，急躁又严厉的妈妈是不接纳这样的薇薇的；而最亲近最信赖的家人都不予理解的情绪，又怎么能期待外人懂得。于是她只能躲在被子里哭，不发出声音地哭。

　　我告诉她，想哭就大声地哭出来吧，这里没有别人，没有人知道。我告诉她，我知道她想照顾好同屋的同学，知道她承担了很多责任，也知道她很努力也很委屈。我还告诉她，我们不是故意让她难堪，我们是想帮她。

　　薇薇蒙着被子哭了很久，终于坐起来与我们说话。问了下她的感受，觉得她已经平复下来，可以交流了。我想终于可以进入个案了吧。鹏飞问："在生活中，是不是经常有这样被冤枉，被别人不理解的时候？"也许这个问题跳跃得太快了，薇薇立刻防御起来："你不要总想挖我的隐私。"

　　很诧异一个孩子对于隐私的敏感，于是问她："对于你来说，什么是隐私？"

　　这个话题，我和薇薇做了一些交流，忽然她发现了我的录音笔，问我这是什么，我如实告知，她执意要把有关她的录音删除。这个警惕的小女孩啊！我尊重了她的意见。

欲戴皇冠，必承其重

第二次个案又失败了。但给我的启示是：黄色并非是没有感受的。他们一样是人，一样是会有喜怒哀乐的感受。

那些伤心的画面薇薇是看得见的，但是她选择了另一种应对方式：不大哭大闹，不祈求同情，而是用理性去合理化——妈妈很累，妈妈不是故意的，妈妈也会搞错，所以我不该生妈妈的气；第二就是压抑，抵御伤痛——努力不让眼泪流出来，努力不放出声音，努力不让情绪蔓延开来，绝对不放大自己的感受；再者就是回避。永远不再提起，不去触及。所以她对我们的治疗是极其抗拒的。

一个十岁的孩子，开始学习压制自己的情感，学习理性，学习严苛地面对自己。我很难过，因为我发现如果黄色天性如此，感受力迟钝，情感麻木，关系疏离。既然是天性，就是本就如此，不痛不痒的。但也许不是呢，薇薇是不得已这样的。

我们见到的成年人的黄色，有刀枪不入之身，也许在他们小时候，经历过什么，让他们不得不用这样的方式，才能保护自己。而这样的行为方式一再强化，最终成为了金刚不坏的女王。

每个颜色都是如此，是天性与后天应对模式训练而成的，我看到夏令营中各色的孩子，各有各的不容易。随后，我也更加了解薇薇为什么会这样。

夏令营即将结束，主导需要和每个组员的家长做个反馈，我让薇薇给妈妈打电话，接通后我和她妈妈交流。薇薇拨通电话，很快就挂了，满脸不悦地向我走来。我问她怎么了，她说妈妈在签合同，不方便说话。随后妈妈发来短信，是这样写的："妈妈从早上忙到现在了，饭都没吃，你要乖一些。"

一看这个短信就明白了，薇薇为什么会有那么理性懂事的一面。妈妈的意思是："我已经很忙，很累了，你要理解妈妈。"一个十岁的孩子，理应得到家长的呵护，而家长因为自己的原因疏于关心，不但不自责，反而要求孩子谅解她，不要记恨她。这个要求未免过高了。这一定不是第一次，或许从薇薇记事起就是这样，当对亲情、对情感沟通的渴求一次次被失望替代的时候，她该怎么办？只能被迫要懂事，被迫去体谅，被迫用理性告诉自己，妈妈也不容易。于是一个黄色小孩，练就了比同龄人更多的理智、成熟。

薇薇说："我真希望生长在普通人家里，爸爸妈妈不要那么忙，希望爸爸妈妈可以在放假的时候，请一天假，不去上班，就陪着我。"

但生于亿万富豪家族的她，注定是要失望的。

离别的前一天晚上，妈妈说明天不能来参加结营仪式了，因为很忙，又要失约了，薇薇很伤心。基于一个礼拜接触下来建立的信任，她全部都交代了，所有的阻抗都没了。但是我们并没有为她做个案。

我们的夏令营是通过心理咨询的各种方式来帮助孩子治疗创伤、规范行为、促进成长的。但是那一刻，我没有对薇薇进行处理。

因为，第一，我觉得薇薇没有问题，她是个很好的孩子，而需要被处理、被教育的是她的家长。是家长的言行，让薇薇的性格里发展出了黄色的过当。第二，我开始质疑，如果我们通过专业技术，让薇薇恢复到一个能自由体验情感的人，对她究竟是帮助还是伤害？就像让一个冰冷的人恢复体温，你以为她正常了，但生活在冷酷的冰雪中，或许冷血才是保护自己的最好方式。她还要在这样的环境中生活下去，因此，学会忽略感受、理性冷静、懂事承担，把自己变得越来越黄色，越来越强大，才是她的出路。

物竞天择，适者生存，成为女王，成为强者是她的命运。

我确信她会成为女王的——富有、成功、霸气，也许还会有些冷酷、主观、固执。但我开始懂得，当批判黄色忽略情感的时候，能谅解到她因为亲情缺失而不得不回避感受；当控诉黄色霸道的时候，不忘记她背后的懂事承担，小小年纪就知道照顾哥哥；当嘲笑黄色目标导向只许成功的时候，看到她一定是团队中最努力的那个，默默抄写了一百遍。

除此之外，我真心希望她能幸福，而且不仅仅拥有黄色的幸福，还有其他各色的各种幸福。永远能在心中保留住那个拉着我的手，亲昵、天真、开怀大笑的小女孩。

我也希望，每个孩子无论最后成为什么颜色，成为什么角色，希望那不是他们被迫的选择，而是自由地绽放。

关于父母，
嘘寒问暖，只是 60 分；
答疑解惑，70 分；
朋友知己，80 分；
人生向导，90 分。
那么，如何做一个 100 分的父母呢?

希望我们能从中找到答案。

LITERATURE AND ART
ARTICLE

文艺篇

我们每个人的一生，
都是一段属于自己的传奇。
洞见真实的自己，
修炼个性的平衡，
我们将获得更加完满的生活。

爱是做出来的

色眼看《来自星星的你》

文 / 清晏

色友、北京工商大学财务管理专业大四在读生

星星不是发光体

热播剧《来自星星的你》中的都敏俊，正是蓝色的典型代表，他的出现让超能力变得浪漫，让爱情的内涵得到升华，让更多人开始重新审视生命的意义。

而千颂伊则来自红色的世界，在性格色彩的世界中，都教授的性格特点，以及"千、都"二人碰撞出的那些火花又将如何解释呢？

内心深处的蓝色符号

要问我对都教授的第一印象吗？

当然要提起他帅气的外表，但除此之外更重要的一点是，在都教授的言行中，总能让我看到一个"蓝色"的符号深藏在他的内心深处，而这个蓝色符号，便是他天性中的蓝色。

或许很多人都可以想象得到，在遇到千颂伊之前，我们的都教授是如何生活在这个世界上的。终日专心研究自己领域内的事情，很少与人交流，沉默寡言，每天摆出一副酷酷的冷冷的表情，老成持重。独自一人时，会用纸笔记录下自己丰富的内心世界，着实一副"忧郁王子"的模样。而让都教授看似冷酷的背后，实质上是他的蓝色在指引着他的行事风格。

要想让都教授敞开心扉与你畅谈，这绝非一件容易的事。除非，你是和教

217

授有着30年交情，亦父亦友的张律师，抑或是在400年前就让教授一见倾心的千颂伊。

蓝色的都敏俊，对于外界的戒备之心是与生俱来的，拥有着超能力的他几乎不会用这份奇异的能力帮助别人：一方面是因为，不喜欢让别人介入自己生活的他，同样不喜欢自己介入别人的生活；另一方面，容易被负面评价中伤的他，对于别人的看法、评价是十分在意的，若帮忙后反而徒增烦恼，还不如一开始就放弃帮助别人的欲望。

由此，我们也不难发现，帅气外表下的都敏俊，其实是那么的敏感、细腻和谨慎。

个人有个人的原则

身为教授的都敏俊，在很多人看来，或许是因为教师这一职业的严谨性造成的通病，让站在讲台上的他显得格外严肃，以至于当千颂伊拿着东拼西凑来的作业交给他时，他会毫不留情地指出，以响当当的零分作为回应。但请相信我，如此严谨的他，实际上是性格使然。

在工作当中，蓝色的都教授坚守原则，强调制度。当自己的工作伙伴或学生出现问题时，批判和挑剔的都教授便会在第一时间站出来。正因如此，这样的他会给别人留下不懂得变通，缺乏人情味的印象。就像千颂伊向都教授求情，想要少写一些作业时一样，教授的反应是严厉地告诉她，若帮过这一次，还会有第二次、第三次，由此也便会失去了做人的原则。

而在都教授变身为千颂伊的经纪人后，井井有条的都经纪人，却会为了争取千颂伊的合法利益，用冷静、有条理的分析反击经纪公司，把所有可能出现的后果一一列举，让经纪公司哑口无言，他对于细节的拿捏让人不禁刮目相看。

同样，在生活中，都敏俊严谨而有条不紊的习惯一样得到了延伸。最讨厌把家里弄乱的他，客厅、书房、餐厅全部规规矩矩，一尘不染，所以，当千颂伊住在自己家里，把家里搞得一团糟时，教授心中暗暗燃起的愤怒小火苗会有多旺盛便可想而知。

其实，回过头来想想，教授在工作生活中的严谨也并非不可理喻。可在大多数人看来，如果真的在生活中遇到这样的人，那他也未免太过较真了，自己活得辛苦不说，还总说教些费力不讨好的话，何苦呢？

若你正抱有这样的看法，性格色彩会告诉你，人与人之间性格的不同，会直接导致不同的人对于同样一件事，持有不同的看法，而人与人之间的大多数矛盾，也正是因为性格的碰撞而产生的。如果我们能够很好地洞见自己，洞察他人，发现性格的秘密，矛盾也便会由此避免，从而换得一份和睦与安宁。

有些爱意深藏在心底

作为消费者，蓝色绝对可以以理性主义者著称。

当剧中的千颂伊这样的红色，还在为买到缺斤短两的酱螃蟹而后悔不已时，都敏俊这样的蓝色却完全不用像红色那样寻找后悔药。因为，在购买一件东西前，蓝色会考虑很多，比如自己对于它的需要程度，它的性价比等各方面的前提条件，即使是商家为了刺激消费，而采取的买一赠一等诱人的手段，理智的都敏俊也是绝对不会如千颂伊一样被吸引的。所以，冲动消费的现象，会被完全排除在蓝色的世界之外。

如此谨小慎微的都教授，是不是就绝对不会吃亏后悔了呢？其实不然。情感世界里的都教授，小心翼翼的特质往往让他错过了许多表白真心的重要时机。明明发出了"想你"的信息，却要让时间定格，跑过去把真心话删掉了，明明为千颂伊准备了完美的求婚，却总觉得时机未到，那句沉甸甸的话语终究还是没能说出口。

如果，千颂伊能够早些确认到都教授的心意，幸福会不会来得更早一些？而在珍贵的最后三个月的时间里，而千颂伊和都教授会不会积攒更多的美好回忆？

我想和你在一起，不只是说说而已

都敏俊的情感世界，就如同他在地球上经历的400年一样，隐秘而深刻，就如同张律师对千颂伊说的那样，"都敏俊对你的爱，比你想象的要深刻得多"。

当400年前，他第一次遇到"千颂伊"时，他们之间没有过多的话语，短短几日，甚至没有来得及互相表明真心，就在一瞬间阴阳两隔。可想而知，当时的都敏俊承受了多么沉重的苦痛，而这份苦痛又何尝不是他400年的情感牵绊。

终于，400年后，他再次与千颂伊相逢，可上天像是和都敏俊开了一个玩笑，偏偏在离开地球的前三个月，这份情感才找到归属，这一次的离别又似乎在考验着都敏俊的心。

在情感上，害怕给心爱之人带来痛苦的蓝色的都敏俊，默默地保留着自己的爱，故意表现出冷漠，只能向挚友张律师倾吐真心，默默流下的泪水中似乎饱含着说不尽的真爱情谊。

一切只因400年前，那个"想要保护某人的想法"，一诺千金，即使经过了400年也要兑现承诺。

就如同蓝色的内心世界一样细腻，他们的行动同样细微而温暖。面对自己爱的人，都敏俊会在她脚受伤时用心为她包扎，会在她起床后默默地准备好早餐，会在她遇到危险时第一时间赶到，会悄悄地买来她喜欢吃的东西，一切都显得那么简单有力。

蓝色觉得说太容易了，远不足以表达内心强烈的情感，而实际行动的证明才是有意义的。所以，即便千颂伊一次又一次地问都敏俊，对自己到底有没有想说的，关于喜欢的，或者爱的话语时，都敏俊都只是浅浅一笑，避而不答。这一切只因他对于行动看的更重，他所有的心意都已暗含在自己的行动中，时时刻刻用行动带给对方足够的安全感。

那女孩教会他的事

或许，在很多人看来，都敏俊式的生活方式是不落凡尘的，他仿若真的如天上的星星一般，独自闪耀却又略显孤单。他永远在追求着一种思想上、人格上的独立，没有过多的朋友，没有完全地释放过自己，看似完全享受其中的他，其实内心深处对于情感的需求一点都不比常人少，反之，因为与生俱来的对于整个世界的怀疑感，让蓝色的都敏俊，更加渴望纯粹的真情出现，这份细腻的心思也让他对情感的认知多了几分敏感。

终于，打开都敏俊心扉的人——千颂伊，还是命中注定般出现了。千颂伊的出现也让都敏俊意识到，原来人生并不是一味地追求完美，那些平凡的过程，与身边珍视的人一同感受每一个清晨和夜晚，也是如此的重要。

是千颂伊教会了都敏俊如何真实、直接地表达自己的情感，是千颂伊用暖暖的爱意，融化了都敏俊内心那层冰冻了400年的冰壳。

"因为如果在流逝的时间里，说出这句话，总感觉一切都会随着时间一起流逝，最终消失，所以我在冻结的时间里，说了出来，我爱你，千颂伊。"

常听到这样的话语，爱情会让一个人成长，而看到都敏俊和千颂伊的爱情，我想说，爱情会冲走一个人性格中的尘埃，而留下的是万分难得的真善美。最终，这个来自"蓝色"星星的都敏俊把握住了这份跨越时间、空间的爱恋，也让这一份童话般的爱情，永远地留存在了所有人的记忆中。

找到通向自己最好的路

我从未觉得《来自星星的你》是一段虚构的故事，因为它所展现的，完全是每个人在真实世界中都有可能遇到的问题。

我们每个人都如同都敏俊一样，与生俱来拥有着属于自己的性格符号，而符号的存在铸就了我们做事的动机，由此，每个人的行动也就透露出或大或小的差异。这些差异会直接影响我们自身与他人的互动，同时，也会影响到自己对自身的审视。

而当我们发现这些由性格碰撞产生的问题后，我们需要的是找到自己人生中的"都敏俊"和"千颂伊"。从自己身上发现问题，从他人身上获取能量，这两种方法都是我们所拥有的性格"虫洞"，都可以让我们恢复能量，平稳过渡。

还记得剧终时，都敏俊那本《爱德华奇幻之旅》留下的那句话吗？

"以前，有一只很神奇的兔子，会找到自己回家的路。"

相信，都敏俊会一点点地克服回到地球的困难，找到永久守护在千颂伊身边的路，而我们，也会一点点地克服性格里的过当部分，找到通向最好自己的那条路。

压抑的爱

色眼看《海上钢琴师》

文 / 邹晓峰

性格色彩认证演讲师、职业培训师、GETOP投资管理有限公司区域培训经理

这是20世纪的第一年，大客船"弗吉尼亚号"的工人丹尼，还像往常一样，拖动着庞大的身躯，在乘客离去后趴在船舱大厅的地板上寻找宝贝。虽然，他从未找到过任何真正值钱的东西，但是这次当他摸索到钢琴的时候，却发现放在钢琴上面的一个纸盒子里，躺着一个安静地吸吮着手指的男婴。

船上的工人猜测，这又是移民干的好事。人们认为，把孩子放在钢琴上，肯定是希望被某个有钱人捡走，却未曾想被船上的煤矿工人丹尼发现了。不管怎么样，丹尼认为这是上天的安排，甚至连那个被遗弃的装婴儿的纸箱子上也写着"TD"，意思也是：Thanks Danny。

丹尼为男婴取名叫作1900，因为，他是在这个世纪的第一年第一个月发现的他。

不过，1900被遗弃在钢琴上，也许真的是命运的安排。因为，1900也许是这个世界上最伟大的钢琴家之一，但他却从未被世人真正所知，他是一位从未离开过"弗吉尼亚号"的钢琴家。

看过这部电影的观众，一定会被1900的音乐所折服，久久地怀念着那些旋律。但你也一定会想，如果他能够离开船，那一定会成为世间最伟大的钢琴家，全世界的人都能听到他的音乐，他也会被所有人知道、崇拜。

除了遗憾，剩下的还有些许疑问：1900为什么至死也没有离开那艘船？1900面对心爱的女孩的时候，为什么有胆量去船舱偷吻她，却在面对女孩时欲言又止，最终也没有将那张唱片送给她？为什么他会毁掉唱片？在最吸引人的"赛琴"场景中，海上钢琴师真实的内心世界又是怎样的？如果你不仅仅认为这一切只是导演或编剧为了戏剧化而编的故事，那么，就请你继续往下看，请让我带您一起走进海上钢琴师——1900的内心世界。

乐由心生，随性而至

　　1900的演奏技艺与美妙绝伦的即兴演奏几乎贯穿了整个影片，其中给大家留下深刻印象的，有这样一个情节：每次演出，乐队指挥都会亲口对1900强调，一定要服从他的指挥。可是，每次兴致来到，1900都会将那里变成他的独奏会，他的音乐随性所至，甚至可以通过对每一位乘客的观察，即兴地演奏出表达不同乘客的音乐，就如同在瞬间勾勒出那位乘客的音乐肖像画。

　　在红、蓝、黄、绿四种性格中，最有可能做出如上举动的是红色与黄色，红色随性而至，不喜欢被约束，向往自由表达内心，而黄色则更可能有控制的因素在内。而1900则应倾向于前者，即兴演奏，跟随着灵感的到来，尽情抒发着内心中的音乐。而这样的音乐可以让每一名听者感到快乐、愉悦，舞者可以尽兴地舞，听者也可以任思绪遨游天际。

　　海上钢琴师的自由随性还出现在影片的开始，好友Max初上"弗吉尼亚号"晕船的场景。与Max满地打滚抱着瓷坛子呕吐的狼狈相比，1900潇洒地如履平地一般闲庭信步地走到钢琴前，坐稳，交代Max打开固定钢琴的锁扣后，和他一起坐在随着船体摇晃而自由移动的钢琴前面。伴随着1900演奏的《声光伴我飞》，两个刚刚认识还不知道对方名字的好哥们儿，一起遨游在那漫无边际的大洋之上。此时此刻，我相信每一位观众的心也会随着那音乐而飘荡起来。

渴望交流

　　1900的内心需要表达，除了用音乐来表达内心，他也是极其需要与人交流的。影片中有这样一个情节：夜晚，"弗吉尼亚号"停靠在码头，没有了平日在大厅中就可以尽情地用音乐来表达内心的机会，他或许感到孤独与失落，希望可以与人谈心、交流，他偷偷溜进客船上的电话转接室，翻开乘客登记簿，闭上眼睛随意一指，找到一位女性乘客，然后打电话给她，希望能够随便聊点什么，只是希望可以随意聊任何事情（1900内心简单，随性而至，此时，他仅仅是想排解心中想要表达、需要倾诉的愿望）。当然，女乘客认为是某位神经病的骚扰电话。

对于红色来说，即使由于后天影响等因素使得表面上看起来内敛，但内心渴望与人交流的天性是无法改变的。而蓝色的天性倾向于自我对话，一个真正的蓝色，是不会在深更半夜随便找一个不认识的人，随便聊点什么的。平日里，1900可以通过音乐表达内心，并在这样的过程中可以得到大家的喜爱与关注，这一切会让他感到无比快乐，然而，当众人散去，只剩下他一个人，红色心中的情感需要倾诉与交流的愿望也就愈加强烈。

夜深偷吻

影片中，海上钢琴师那段奇幻的爱情，相信会令很多青年男女产生共鸣，会回想起自己的初恋，或者想起曾经内心中似曾相识的感受。很多男孩都有过类似的经历，很多女孩也会想起曾遇到过的那个有些语无伦次的男青年，即使你们此时并未走在一起。

影片中有这样一个情节：当他透过窗户看到那位女孩，随着思绪的流淌，为她创作了《Playing Love》后，抢过刚刚录制完成的唱片，跑出去准备送给她，但却欲言又止地眼睁睁看着她从自己的身边走过，没有说出一句话。

夜深了，1900坐在经济舱的钢琴前，弹奏出一个个如他此时心情的那种无法平静且涌动着代表着爱之激情的音符。情之所至，他冲上甲板，找到女士们休息的船舱，找到了那位女孩。伴着客舱微弱的灯光，看着睡得恬静的美丽姑娘，此时，心中的爱涌动着，他忍不住吻了她。女孩惊醒，他躲到角落。

在这里，熟悉性格色彩的人可能会产生疑问：如果1900是红色的话，为什么会欲言又止，为什么会默默地在夜深的时候偷偷去看她。这会不会是蓝色的行为呢？从表面上看，难以表达、内敛更像是蓝色。

但事实上，影片中有这样一个情节：1900对着镜子反复重复着那句简单的送礼物"台词"，事实上，在内心深处，他是希望表达的。而且，一个真正的蓝色，更可能会先演练好，再去送礼物，几乎不会单凭一时的冲动，在还没有准备好时就冲上前去表白。

而在影片中，1900一开始就随性冲动地站在甲板上准备送礼物给女孩，但却欲言又止。在这里，1900的欲言又止更可能是红色太希望得到认可，太希望可以得到女孩的喜爱，而且他从未有过类似的经验，也不知道到底该如何表达才好，以至于"突然失语"。而夜深偷摸到女寝室的行为，甚至情之所至而偷吻的行为，对于一个真正的蓝色来说，也很难做到。一个真正的蓝色，情感内敛、做事谨慎，他会想，要是被发现怎么办？而且蓝色自尊心很强，讲原则，蓝色自己是不会喜欢被人偷吻的，所以，己所不欲，勿施于人。

无尽大陆

1900决定下船，他穿上了Max送给他的大衣。与船上所有的水手、工人、乐队的伙伴，还有严肃的船长——拥抱告别。每个人都希望他可以下船，到真实的世界中，去开创他的音乐王国，让世界的每个角落都能听到他的音乐。

他沿着那通往大陆的舷梯走向那片未知的世界。到一半时，他站住，向远处望去，后又摘下帽子，抛向大陆，那帽子却转了个弯绕回到大海的这边。海上钢琴师此时却轻松了下来，不再犹豫、纠结。带着喜悦，他坚定地转回大海的方向，并在"弗吉尼亚号上"终其一生。也许，这是影片中最令人遗憾与费解的情节，甚至比剧终1900最终与"弗吉尼亚号"一起结束生命更令我动容。

斗琴

Max问1900："告诉我实话，你害怕吗？"

1900回答："我不知道。为什么要决斗？决斗的时候，会发生什么？"

当晚，众人还像往常一样在大厅中伴随着乐队的音乐跳舞、欢笑。突然间，大家都安静了下来，所有的目光都移向大厅门口，那个"发明了爵士乐"的大师走进了大厅，气氛顿时凝固起来，就好像两军对垒，等待着你死我活的拼杀。

事实上，大师此时的确像个战士，只是1900不知道到底发生了什么，好奇地看着他，微笑着表示友好，却被高傲地挑衅般回绝。参加钢琴决斗的两位选手，一位是准备战斗到死的钢琴斗士，而另一位只是一个充满好奇、喜欢弹琴的好朋友。1900只是有些无奈、有些奇怪，这家伙为什么不太友好。他也真的想听听爵士乐的发明者——莫顿演奏的音乐会有多么奇妙。

莫顿的演奏的确很美妙，他不是在弹琴，而是在爱抚那些音符，他开始弹奏那些沁人心脾的曲子。1900也被这演奏所打动，和大家一起鼓掌称赞。事实上，1900到现在也不知道决斗是个什么东西，他只想听到从岸上来的这位钢琴家演奏出来的美妙音乐。他只是对音乐好奇，对他的演奏好奇。

第一轮，轮到1900演奏了，他不知该演奏什么，也许他依然沉浸在刚才那位朋友的音乐中。所有人都等待着他演奏，也许期待着一曲可以让那位大师"自行了断"的曲子。大家兴奋起来，屏住了呼吸。1900演奏了一曲《平安夜》，众人哗然。其实，这首曲子从音乐的美妙以及乐曲的意境都与刚才的音乐相适应，也许莫顿的演奏让1900感到欢快与平静，他此时此刻心中所想的只有音乐而已，而其余所有人都只是期待着一场精彩的战斗。此时1900与船上其他人处在完全不同的世界里。

第二轮开始，莫顿开始另一曲，无论是技艺的难度或是音乐本身的动人都比前一曲更胜一筹。众人为之动容，1900坐在那里，竟然哭了起来，因为这音乐打动了他，他全身心投入地欣赏着音乐。

此处，影片中有一段有趣的对话，同时也反映出1900此时真实的内心世界。Max为1900下了赌注，把全体船员的全年报酬都堵在1900身上了。此时，Max来找1900算账，因为第一轮显然是1900输了。Max希望1900可以集中精神在自己的演奏上，因为这是一场比赛。而此时1900却反问Max："我也可以赌吗？""不可以！赌自己赢会遭厄运的。""我不是想赌自己，我想赌他，他是最棒的！""你疯了吗？""这样我就可以把你输的钱还给你了。"

从这段对话可以看出，此时的1900只是单纯地对音乐本身感兴趣，心无旁骛。他欣赏莫顿的音乐，甚至为之动容。

轮到他演奏，这次1900没有犹豫，只是一字不差地重复了刚才的演奏。对于他来说，此时内心中所想的只是那首动听的音乐，更可能是对对方的音乐表示欣赏与敬意。红色的1900，此时此刻内心世界中有的仅仅是对音乐本身的热爱与兴趣而已。至于决斗或是比赛，他根本就不知道是个什么东西。而此时，众人哗然。当然，他们只是存在于决斗的世界中。这完全是两个不同的世界。

演奏完毕，众人嘘声四起。或许此时，对于红色的1900来说已经感到些许的不自在了，因为对于红色来说，被关注与受到欢迎是内心所需的，也不知为什么大家会如此反应，也许1900心里会想："这音乐难道不美吗？"

第三轮开始，莫顿拿出了看家本领，已经不再顾及音乐旋律本身，更多的是一首炫技居多的曲子。如果刚才1900更多的是欣赏音乐本身的美妙，而技巧本身则没有什么可欣赏的，再加上第二轮过后，众人已经开始嘘声四起，甚至有侮辱1900的言语出现。

对于红色的1900来说：第一，失去了欢迎与关注，这本身给他带来了不舒服；第二，1900虽然很单纯，不知比赛为何物，但并不愚蠢，对手再三的挑衅与众人的奚落，此时已经激起了1900的斗志。再加上对方的一首炫技曲。于是，接下来就出现了影片中最为精彩的一段钢琴演奏。

海上钢琴师犹如长出了八只手臂，同时在钢琴上飞舞。演奏完毕，全场寂静无声，1900拿起一根烟，轻放到琴弦上，瞬时，点燃。

整个斗琴的过程中，一开始，红色的1900内心纯净，不知决斗为何物，心中有的只是对音乐的兴趣与对来者的好奇。对于红色的1900来说，开始时甚至一心想和这位远道而来的钢琴家成为好朋友，表现出热情与友好、宽容。但是，对方再三的挑衅再加上第二轮过后，众人的奚落甚至侮辱，1900已经感到失去了所有人的关注与喜爱，这才激起了他的斗志，从而有了那段疯狂的演奏。从性格色彩的角度来说，影片这个环节体现出红色的1900天性中的一些特点：对一件事情的热爱；对人开放的热情与友好；对被关注与喜爱的需求；短时间激情的爆发。

爱情Playing Love

每一部伟大的影片几乎都会有一段动人的爱情，此片也不例外。

海上钢琴师，望见舷窗外清丽脱俗的女孩，完完全全被她所吸引，音乐自然流露，随着女孩经过舷窗，1900也演奏出心中的爱意。在影片中，这是一首无名的曲子，而观众们则为它取名为《Playing Love》，的确，此曲就是1900心中爱的表达。

在上文中，我们已经分析了海上钢琴师第一次准备送唱片时为什么会欲言又止，为什么又会深夜偷吻。在影片中，1900一共有三次送礼物的场景，但最终还是没有将那份唯一可以真正全部表达他爱意的唱片送给女孩。这里，了解性格色彩的读者很可能会认为1900是蓝色，从表面行为上看的确如此。事实上，蓝色会欲言又止，甚至根本不表白，不是因为蓝色感情不丰富，而是因为他们感情内敛，更愿追求一种心灵的默契。蓝色追求完美，表达本就倾向于含蓄内敛，心中希望可以将送礼这个场面进行得完美，而且总是会想，如果她不接受怎么办。如果说出口对方不理会，这又会对蓝色强烈的自尊心造成打击。另外，自尊心极强的蓝色很难会做出夜半偷吻的激情举动。所以，如果海上钢琴师是蓝色，最有可能发生的情况是根本不会傻傻地，甚至是狼狈地站在女孩面前语无伦次地送礼物，而是根本不会送，或者默默地将那张唱片放到女孩可以发现的地方。

而1900是希望当面表白的，第一次是抢走刚录好的唱片，冲到甲板，站到女孩途经的路前，不知说什么。第二次是对着镜子练习，站在大雨中迟疑后，因为女孩家人的出现，将女孩带走而没有送出。第三次是在女孩临下船前，他终于与女孩有了一段对话，甚至得到了女孩的吻，但却因女孩离船匆忙，依然没有送给她。

在这里，更可能是因为他从未有过类似的经历，不知该如何表达：一方面希望可以表达，另一方面又害怕表达不好会令女孩反感，会失去女孩的喜爱。但无论如何，女孩临下船最后的场景中已经感受到1900的真心，并送出深情一吻。最后，女孩也留下了她的地址，并希望1900可以去找她。

到这里，也许所有的人都希望1900可以借助爱情的力量，离开"弗吉尼亚号"，去到更广阔的大陆，将他的音乐带给全世界，去追寻属于他的幸福，属于他的爱情。

海上钢琴师的确下定过决心，离开大船，他站在舷梯之上，望向大陆，迟疑，将帽子抛向天空，让命运决定是去还是留。那顶帽子掉在了水中，1900也转身回到"弗吉尼亚号"，从此再也没有离开。

海上人生

Max坚信，1900一定还在船上，即使那船已经破烂不堪、只剩空壳，并布满炸药。Max带着唱片机，在船舱的每个角落播放那首《Playing Love》，希望1900可以出现。终于，1900对Max打了个招呼，出现在船舱的一个角落里。

于是，影片中出现了下面的两个好友间最后的对话，从这里我们可以知道，海上钢琴师为什么选择留在船上，为什么在舷梯之上转身回到大船，为什么选择与"弗吉尼亚号"一起灰飞烟灭。

　　"'你能够拥有一段可以拿出去讲给别人听的故事之前,一切都没有结束。'记得这句话吗?这是你曾对我说的。你现在的故事都可以写成一本书了,全世界都会迷恋于这故事的每个字。整个世界都会为你的音乐而疯狂,相信我!"Max说。

这里,大家可能会想到,如果1900是红色,一定会被Max这句话所打动。其实,这样的情景,1900也许早已想过无数次了。

　　"整座城市?你根本无法看到它的尽头,尽头,你可以告诉我它的尽头在哪里吗?走在舷梯上的时候,我还觉得自己一切都很好,那一切都很好。穿着那件大衣,我确实看起来很有型。我确实打算要下去。我可以保证,那并不是我最终回到船上的原因。并不是我所看到的让我停下了脚步,Max。让我停下来的是我所看不到的。明白吗?是那些我无法看到的。城市里纵横交错的街道,除了尽头,什么都有。那里没有尽头,我所看不到的是,我下船之后的那无法看到结局的未来,无法看到'世界的尽头'。"
　　"拿钢琴打个比方,钢琴的琴键,有始有终。钢琴有88个键,没有人能够对此提出异议。这里没有无限,你(演奏者)才是那个无限因素的主导。在那些琴键上,你演奏的音乐才是无限的,千变万化的。我喜欢这样,这是我生活的方式。我站在舷梯上,面对着拥有成千上万个琴键且没有尽头的键盘,这就是我不能下船的原因。因为它们无穷无尽,那个键盘是无限且没有尽头的。如果是没有尽头的键盘,那么在上面演奏音乐是不可能的。那是上帝的钢琴。天啊,你看到那些街道了吗?仅仅是街道,就有成千上万条!你该怎样在那里生活?你如何在他们中选择一条;一个女人;一栋房子;一块看起来可以称之为属于自己的土地;一种死亡的方式?那整个世界都重压在你的身上,你甚至不知道那世界在哪里结束,哪里是它的尽头?我的意思是,难道你从没有害怕自己会因为想到这些而崩溃吗?甚至只是想想生活在其中,就感到不寒而栗吗?"

海上钢琴师,从未离开过那艘船。他早已经习惯了船上的生活方式,并且,船上拥有他热爱的音乐。而大陆、城市,对于他来说是全然未知的。对于红色来说，虽然，他想到大陆上，但是那些未知是令人恐惧的，也会让他感到压力。如果1900性格中能够有较多的黄色，那么黄色的推动力与挑战的欲望则会推动1900下船去。

事实上，当1900站在舷梯上犹豫的时候，可能会有两种力量左右着他的选择：一是希望下船的欲望，爱情的力量；另一种力量则是，对未知的恐惧、困惑，与对未来生活方式、习惯的挑战的压力，毕竟那将是完全不同的生活方式。于是，1900将选择的权利交给了他的帽子，或者是命运，这和很多红色无法做决定时"掷硬币"是同样的道理。

而区分1900是蓝色还是红色的性格也在于此，蓝色虽然会有担忧，但他在想好之前也决意不会先做决定的，即已决定要下船，那也绝不会迟疑、犹豫、反悔，更不可能将选择人生的决定权交给抛向空中的帽子。红色在此时，缺少黄色的推动力、决断力，也缺少蓝色的坚韧与定力。1900被无数不确定、恐惧与无法想象所困扰，无力自己的选择，就只能让那抛出的帽子决定自己的命运。

> "我出生在这条船上，世界已经与我擦肩而过了。这里每次都会容纳两千人，并且这里还承载了人们的愿望，这一切都恰好容纳在船头与船尾之间。你演奏出自己愉悦的心情，但是在有限的钢琴之上，我学会了如何像这样生活，这就是我的生活方式。陆地？陆地对我来说，是一艘太大的船；是一个太过美丽的女人；是一段太长的航程；是过于浓烈的香水；是一首我不知该如何演奏的音乐。我永远都不能够离开这艘船。至少，我还能退出生命的舞台，毕竟，我不为任何人而存在。"

的确，1900出生在这艘巨轮上，他熟悉这艘船的每个角落，从船头到船尾，这有限的距离。这里有他早已熟悉的生存环境，这里有乐队有钢琴，这里可以演奏他最爱的音乐。毕竟，即使下船去，他也是要演奏钢琴、创作音乐的，但问题在于，大陆的一切都是未知的，都是陌生的。

对于红色的普通人来说，离开自幼熟知的环境，背井离乡，并不是一件容易的事情，如果没有更多的外在的推动力，做出离开的决定也是很艰难的，就好像很多红色都希望去远方自由之地，但有多少人真正想到并且做到了呢，有多少人会让梦想留驻在想象的世界。何况1900是一个从未离开过船与大海的人；何况离开就意味着一种全新的生存法则与方式；何况那是一个拥有太多未知又无依无靠的如此巨大的世界；何况在船上已经拥有了他最想要的，也是他可以完全驾驭与创造的——音乐世界。

"你是个例外，Max，你是唯一知道我在这里的人，你是极少数，但你必须接受这点，请原谅我，我的朋友。我是不会下船的。"

1900与Max拥抱，告别。临走，1900说了最后一个笑话："想想，在天堂上，我该怎样用两只右手弹琴，如果我能够在天堂找到一架钢琴的话。"

Max在岸上眺望海面远处即将爆炸的"弗吉尼亚号"，与此同时，1900在布满炸药的船舱中，仿佛又开始了他的演奏，余音绕梁。

海上钢琴师的故事，伴随着火光与巨响，谢幕。

后记

影片过后，每位观众心中都可能会感到遗憾。但也不必遗憾，至少，1900的一生都在做着他最喜欢的事，纯粹地活着、死去。也许，唯一的遗憾就是没有与自己爱的女孩在一起，但他的心中会永远记得那个吻的美妙与温暖，世间有多少人只是希望能够得到心中女孩的一个吻却又抱憾终生呢？这是一个美丽的人生，一段美妙的爱情，就如同一段有始有终却回味无穷以至永恒的美妙音乐。

一部影片，我更愿相信，这的确是一个叫作Max的小号手心中的真实故事。每一个传奇的人生，都是一部精彩的故事，而在这故事的背后，一个人的天性却是书写这个传奇的决定性因素。

我们每个人的一生，都是一段属于自己的传奇。

洞见真实的自己，修炼个性的平衡，我们将获得更加完满的生活。

从三大才子之死看幕僚的忌讳

色眼看《三国》

文 / 方晓

性格色彩认证演讲师、500强外企资深经理

孔融、祢衡、杨修，《三国》时的三个好朋友，职业都是幕僚，性格都是红色，他们都有强烈的表现欲，最后都倒了自己性格的大霉。红色的孔融，由哗众取宠而发展成争强好胜、咄咄逼人；红＋黄的祢衡，由桀骜不驯而发展成嚣张跋扈；红色的杨修，做事张扬、爱显摆、耍小聪明，落得身首异处。典型红色的杨修不像另外两位，性格中少了黄色，弱了对抗性，不容易跟别人发生直接冲突，死得最晚。这三个人都是因为不知道自己性格的软肋，中了自己性格的死穴，闹得身首异处，本文试图从他们的经历中分析做幕僚和秘书的忌讳。

哗众取宠——孔融

孔融，红色，孔融让梨的故事大家都知道，这里，说他另外的故事。

十岁那年，孔融到了京城洛阳。当时李膺号称"天下楷模"，能得到他的赏识接纳，被称为"登龙门"，可见李膺的家门很难进，如果不是才望出众或自家亲戚，根本不给通报。孔融去了以后，就对门房说："我是李府君的亲戚。"李膺请他进来，问："我们两家有旧交吗？"孔融说："孔子曾向老子（李耳）请教，岂不是世代通好？"在座无不赞叹称奇。名人陈韪到了以后，听说这件事，就说"小时聪明，大时未必聪明"，孔融立即反击："想君小时，必定聪明。"陈韪很尴尬。李膺大笑，对孔融说："你必成大器。"又问他，"要不要吃饭？"孔融说："要。"李膺说："让我来教你做客人的礼仪，主人问要不要吃饭，只管回答说'不要吃'。"孔融说："不对。我教你做主人的礼仪，只管置办饮食，不需要问客人吃不吃。"自此得名。

这一问一答下来，我们不难看出孔融红色的重要信号——为了受到奖赏，不惜牙尖嘴利、哗众取宠。口齿伶俐，本来就是红色的强项；加上他的确好学博览，就使得嘴巴更厉害。后来，孔融当了官，可惜他既不能治民，又不能领兵。一打仗，不是大饮醇酒，亲自上马，大败而去，就是不理不睬，读书谈笑，城池失陷，老婆孩子全丢了，最后只身逃到许都，依附了曹操。

曹操雪中送炭，任命他为九卿（部长），只管说话，不负责具体行政。刚好名气大、博学、好辩、有文采，这些都是孔融的长处。一时间，孔融以压倒性的优势成为朝廷的礼法代言人。他的很多意见，比如说，反对祭祀早夭的皇子、反对恢复肉刑，等等。总之大家提议什么，他就反对什么，凭着才气，把别人全辩倒，公卿大夫唯他马首是瞻，曹操也欣然接受。这些都大大满足了他红色的虚荣心和表现欲。

"给点阳光就灿烂"，这是描述典型红色得意扬扬的句子，孔融不仅灿烂起来，他觉得曹操挟持下的汉室政府离了他肯定转不了，逐渐忘记了自己是寄人篱下，还得意地反客为主。

没过多久，袁术称帝，曹操要杀掉他的妹夫太尉杨彪，杨彪这人深受大家敬仰，孔融跑去见曹操，说不应该连坐。曹操说，这是朝廷的意思。孔融反驳："周成王杀召公，周公可以说不知道吗？"（周公、召公一起辅佐周成王，就像曹操、杨彪一起辅佐汉献帝），还声称："你要杀杨彪，我明天就辞官回家。"杨彪后来免于一死，但自此以后，曹操开始内心忌惮孔融，孔融却依旧傻乎乎地变本加厉。

红色觉得自己够重要，以辞职要挟老板来达成加薪升职的目标，或许黄色老板暂时还能忍受，但以辞职为要挟放了老板的对手一马，却是大大地过界了。

接下来，出现了更严重的问题。

孔融和陈群两人争论"汝颖优劣"，吵得不可开交，孔融说："汝南名士胜过颍川名士。"这话本身未必错，作为一个研究课题，也可以申请经费，可是那时正是袁、曹相争之时，袁绍、袁术是汝南人，所谓汝南袁氏，曹操虽不是颍川人，帐下谋士，荀彧、荀攸、陈群、郭嘉，都是颍川人，哪有这样长他人志气灭自己威风的？

他还赞赏袁绍：地盘大，兵力强，手下田丰、许攸，智谋之士，颜良、文丑，勇冠三军，我们怎么能打赢？

红色的下属，只要有激励，只要有舞台，卖力没有问题，但红色常常搞错方向，不知道老板要什么，不知道公司要什么，南辕北辙，千里马越能跑，反而离目标越远。

曹操曾经评价蓝色的谋士荀攸："外愚内智，外怯内勇，外弱内强，不夸耀自己的长处，不传扬自己的功劳。他的智慧可以达成，他的愚钝无法企及。"这些话，孔融早点能做自学的教材该有多好。

当天下未定时，黄色的老板会强迫自己继续容忍这个不知轻重的下属，因为暂时还需要！可怜这个红色的下属，压根没意识到自己做错了什么。红色继续尽情表演，而黄色继续控制愤怒。

曹操攻克邺城后，曹丕私娶了袁绍的儿媳甄氏。孔融写信嘲笑道："武王伐纣，以妲己赐周公。"曹操问出自何典？孔融说："以今度之，想当然耳。"我方首脑之子娶了敌方的妻室，以此推论，周公（首脑之子）娶了妲己（敌方的妻室），曹操事先未曾阻止，事后默认，等同于曹操把甄氏"赐"与曹丕，以此推论，武王将妲己"赐"与周公。

曹操远征辽东，孔融嘲讽跑这么远浪费时间干吗？曹操为节约粮食而禁酒，孔融却大张旗鼓写文章宣传喝酒是多么多么好，不喝就会倒大霉。

红色没分寸地嘲讽揶揄，一次两次还好，多了，没完没了，可就大逆了曹操。写信警告他，无效，只好把他闲置起来。

没想到孔融居然不知悔改，依旧每天宾客盈门、觥筹交错，他的口号是：座上客常满，杯中酒不空。比一个人折腾更可怕的，就是一伙人折腾，貌似很风雅，其实极犯忌讳。

其实，当受到朝廷闲置被冷落时，最正确的做法应该是什么呢？看看蓝色的贾诩。人家跟过董卓、跟过李傕、跟过郭汜、跟过张绣，换言之，和孔融一样，是从别的公司跳过来的，不是老板最信任的那批创业初期共患难的兄弟，所以他常年闭门谢客，不结私交，不结高门，最后，天下都推许他的智慧与安身立命之道。

等到曹操统一北方后，对孔融实在忍无可忍，也无须再忍的时候，刚好有军法官状告孔融在北海招兵买马图谋造反，曹操就找了个理由，将孔融下狱弃市，暴尸示众。

桀骜不驯——祢衡

祢衡，红＋黄，从小有辩才，喜欢故意违背习俗，待人接物傲慢不逊。许都初建时，来自五湖四海的热血青年，为了不同的目标，终于走到了一起。有人劝祢衡："为什么不去结交陈群、司马朗啊？"答："我咋能跟着杀猪卖酒的人混！"又劝："荀彧、赵稚长如何？"答："荀彧的面孔可以负责吊丧，赵稚长该管厨房请客吃饭。"

按照《三国演义》的描写更夸张："荀彧可使吊丧问疾，荀攸可使看坟守墓，程昱可使关门闭户，郭嘉可使白词念赋，张辽可使击鼓鸣金，许褚可使牧牛放马，乐进可使取状读招，李典可使传书送檄，吕虔可使磨刀铸剑，满宠可使饮酒食糟，于禁可使负版筑墙，徐晃可使屠猪杀狗。夏侯惇称为完体将军，曹子孝呼为要钱太守。其余皆是衣架、饭囊、酒桶、肉袋耳！"总之，在他的嘴里评价出来，其他人一文不值。

这位祢衡兄，只有两位朋友——孔融和杨修。

当时祢衡才二十岁，而孔融年已四十，相交莫逆，孔融多次向曹操推荐祢衡。可祢衡连曹操也看不上，不肯前来，曹操怀恨在心，顾虑祢衡的文章和才气名声，不能杀他，于是让他担任鼓吏。

按照规定，鼓吏有鼓吏的制服，轮到祢衡，穿了旧衣就上，击打鼓乐，鼓音深广，有金石之声，满座动容。没想到，这时有个人就呵斥他："你一个掌鼓的小吏，何不更衣！"没想到，祢衡这小子当下就脱掉旧衣，裸体而立，从容地换上演出服，接着演奏，颜色不变。曹操笑道："本想羞辱他，反被他羞辱了。"

孔融数落祢衡，说曹操多么爱才，祢衡就答应他去见见曹操。然后，孔融又赶紧去跟曹操说，祢衡有疯癫，现在想来跟你道歉。曹操很高兴，通知营门，祢衡一来，你就赶快通报我。结果，祢衡穿着粗布单衣，带着头巾，手持三尺木杖，坐在营门之前，用杖捶地大骂曹操。

从这事上，你明显地可以看出，孔融犯了红色"一厢情愿地想当然"的严重错误。就好比婆媳吵架，红色的儿子跟妈说，你媳妇知道错了；跟媳妇说，咱妈跟你吵架后悔了。结果，两人一见面，什么都穿帮，闹得更加不可开交，中间撺掇的人真真是好心办了坏事。

祢衡如果选择隐居不出，本来也不会有问题，但他不出山，不和人交流，自己又要闷死。做幕僚，就要守幕僚的规矩，不顾规矩，任由着自己的性子胡来，只管自己恃才傲物、桀骜不驯，活该最后要栽跟头。

曹操莫名其妙地被祢衡大骂一顿后，大怒，对孔融说："祢衡这小子，我杀他，就像杀只麻雀一样。只是他有些虚名，杀了他，大家都会说我不能容人，把他送往荆州吧。"关于黄色的曹操杀人是如何极具忍耐性，有个最典型的例子：当年曹操想杀一个歌技极好却脾气极糟的歌女，曹操先让她带徒弟，等到一年之后徒弟带出来了，再杀掉。绝佳地展现了黄色情绪控制的强项。现如今，要搞死祢衡，曹操就使了招借刀杀人。

祢衡这种傲慢的态度，不仅得罪了老板，还深深得罪了同僚。临别践行那天，祢衡来晚了，大家说："祢衡不懂礼仪，今天他最后到，我们都不站起来，挫挫他的锐气。"祢衡一到，大家果然安坐不动，祢衡放声大哭。"你为什么哭呀？"祢衡说："坐着的像坟墓，躺着的像尸体，我坐在尸体坟墓之间，怎能不悲伤？"改不了妄自尊大的秉性啊。

相比许昌，荆州就是乡下。到了荆州，刘表因为佩服祢衡的名声，非常尊敬他，文章奏议都非他不定。有次祢衡不在，大家起草好奏章等祢衡回来，他没看完就一把撕掉，扔在地上。刘表惊愕不已。祢衡拿过纸笔，笔下成章立等可取，文辞、议论，都优美可观，刘表非常高兴。

这样的领导，可以算得上是虚怀若谷，可祢衡连曹操都看不上，对刘表就更加傲慢了，搞到最后，连刘表这样脾气既不暴躁也不专横的人也受不了了，但刘表又怕担上不容人的名声，就把他打发去了江夏。

江夏太守黄祖也是个红＋黄，性情暴躁，不能用人，甘宁就是被他气跑的。祢衡初到江夏时，为黄祖写公文，黄祖握着他的手说："祢衡，你正好说出了我的想法，就像我肚子里的蛔虫。"黄祖的儿子黄射，也和他很要好。相比荆州，江夏就是不毛之地，从许昌到荆州，再到江夏，周围的人对祢衡越来越看重，但他却越来越瞧不起老板和同僚，渐渐从桀骜不驯发展成嚣张跋扈。如果祢衡的性格仅仅只是红色，或许还不会和黄祖发生剧烈冲突，但两个火爆的红＋黄性格在一起，一旦发生冲突，天雷地火，无可避免。

有一次，黄祖在船上大会宾客，祢衡出言不逊，黄祖觉得自己人捅了篓子很惭愧，怒气冲冲地责备他，祢衡盯着黄祖："死老头，说什么！"这岂不是更掉黄祖的面子？黄祖大怒，喝令拖下去要打，祢衡骂声不绝，黄祖恼羞成怒，下令砍了。黄祖的手下向来嫉妒祢衡，立刻执行。刚被砍了头，黄祖就后悔了，只能厚葬了之。

作为一个幕僚，如果祢衡不是那么桀骜不驯，说话不经大脑，冲突不会激化到极点，如果祢衡不是那么藐视同僚、嚣张跋扈，大家一求情，也就过去了。可以说，这是祢衡自己红＋黄的性格过当，种下的祸根。

做事张扬——杨修

杨修，红色，官五代。东汉末年，特别讲究出身，出身好的很容易当官，当大官。曹操是宦官子弟，刘备是没落皇室，孙坚是寒族庶民，而三国里出身最好的，莫过于杨修。

杨修老爸杨彪，出身弘农杨氏，从杨震到杨彪，四世太尉，称为"四世三公"（东汉时国家最高文职）。老妈出身汝南袁氏，司空袁逢的女儿、袁绍和袁术的姐妹，袁氏一家，四世之内，五登三公。

这样的出身，出任丞相秘书，分管粮草。军国大事，杨修"总知外内"，他办事，曹操放心。太子曹丕以下，争相与他交好。他送给曹丕一把宝剑，曹丕常带在身上。曹植也喜欢他才思敏捷，屡有书信往来。

杨修思维敏捷，《世说新语》中《捷悟篇》只有七个故事，他一人独占四个。丞相府造大门，刚架椽子，曹操在门上提了"活"字，大家不明白，杨修马上叫人把门拆了。为啥呢？"门里加活，是阔字。"有人送来一盒奶酪，曹操吃了一点，在盖头写了个"合"字，给大家看，也是没人能懂。杨修拿起来就吃："合，人一口。想啥呢，赶快来吃。"这些都是大家熟知的故事。

还有曹操与袁绍打仗，置办军械，剩有一立方米左右的小竹片，大家说用不上，烧掉。曹操想，可以用来做竹盾牌，没说出来，先派人去问杨修，杨修应声而答，和曹操想的一样，大家都佩服他的悟性。

红色幕僚最容易犯的错之一就是做事张扬、爱显摆，孔融有，祢衡有，而杨修最严重，不免让老板失色。曹操在嘴巴上经常展示自己的大度："我的才力，差你三十里。"但曹操心中，还是留着那根刺，不是不报，是时候未到。

曹操讨伐刘备，连吃败仗，进退两难，"心中犹豫不决"。夜宵有鸡汤，"碗中有鸡肋，因而有感于怀"，于是下了鸡肋的口号。杨修见了鸡肋二字，"便教随行军士，各收拾行装，准备归程"。夏侯惇大惊，杨修说："鸡肋者，食之无肉，弃之有味。可知来日魏王必要撤兵。"猜中老板的意思不必说出来，也不必告诉同僚，更不必闹得满城风雨。一传十，十传百，军心涣散，曹操拿下杨修，以扰乱军心之罪，喝刀斧手推出斩之，将首级号令于辕门外。这是《三国演义》里的说法，事实是，几年后曹操自觉将不久于人世，深恐身后兄弟相残，政治动荡，才以泄露机密、交结诸侯之罪将杨修处死。

其实根本不关才高八斗，只关乎性格色彩。幕僚不参与家务，这是铁律。可杨修是怎么做的呢？

前面说到，曹丕和曹植都有心与杨修交往，而他支持曹植。曹操常写小条子考兄弟俩，杨修私下揣测曹操的意图，预先写好十几条回答，让门卫记下。每次问题才出门，答案已进门，曹植每次对答如流。又一次，曹操派兄弟俩分头出邺城城门，暗地里吩咐门守不许放，曹丕出不去，只好回来。杨修告诉曹植："如果城门不放，君侯你奉王命出城，可以斩杀门守。"

这事对曹操来讲，充满猜忌。对曹操来说，他要考的不是你杨修，而是两个儿子，父子兄弟骨肉之间，干你一个幕僚屁事？你要是曹植的私臣也就罢了，偏偏你还是我曹操的幕僚，我还没死呢，你乱折腾个啥？

知道人家蓝色的幕僚是怎么做的吗？

当曹丕问蓝色的贾诩该怎么巩固自己的地位时，人家贾诩的说法是："发扬美德，躬行学业，孜孜不倦，孝顺父母，如此而已。"如此而已！

再看看蓝色的诸葛亮又是怎么做的？荆州刘琦三番求计诸葛亮，直到登楼去梯，哀告："我想要求教良策，先生恐有泄漏，不肯出言。今日上不至天，下不至地，出君之口，入我之耳，可以赐教了。"诸葛亮这才教他自告奋勇守卫江夏，逃离襄阳，以求自保的办法。

　　曹操出征，曹植写了长长的文章歌功颂德，曹操很高兴。曹丕怅然若失，幕僚吴质耳语："哭就行了。"曹丕泣不成声，哭得曹操和左右抽泣凝噎，于是大家都觉得曹植华而不实，而诚心不及曹丕。人家曹丕向吴质请教，多是把吴质藏在竹篓子里，用大车偷偷运进府中，从不张扬。

　　出身寻常、资质不及的幕僚吴质，规避了张扬的过当，封侯拜将、都督河北；而高官五代出身、天资聪颖的杨修，唯恐天下不知自己的才能，不得善终。相比之下，蓝色的贾诩小心谨慎，封侯拜了太尉，大儿子婆了公主，小儿子封了列侯，一直活到七十七岁，得以善终。

　　事实上，真正懂得黄色曹老板内心的，正是这个蓝色的贾诩。曹操请教他立谁为太子时，他就一句话："思袁本初、刘景升父子也。"（袁绍、刘表废长立幼，终致河北、荆州归于他人。）听了这句话，就算黄色再喜欢小儿子，为了江山大业，也立马废掉。曹操大笑，"于是太子遂定"。

　　"以铜为镜，可正衣冠，以史为鉴，可知兴衰。"谨以此文，与天下幕僚共勉之。

一个演员对绘画艺术的性格解读

文 / 徐麒雯

演员，代表作《宫》《国色天香》《七侠五义人间道》

性格色彩的四色，风格迥异，各具特色，且简明扼要地概括了人的性格特点，是用来读懂人的工具。其实在绘画艺术当中，各种艺术表现形式也是精彩纷呈，各具特色。比如纯艺术类的国油版雕，比如工艺类的工业造型、服装设计、室内设计，等等。不同的艺术表现形式就犹如性格色彩的四色，特点鲜明，各有千秋。今略作对比，如有偏颇，纯熟个人见识，望涵。

红色——涂鸦

红色的最大特点是把生命当作值得享受的体验，喜欢不断尝试新鲜的事物，有乐观且积极的心态，红色是"爱交际的蝴蝶"，情感丰富而外露，生性活泼，好奇心强，自由自在，不受拘束，富有表现力等特质。这就像涂鸦一样，随意地涂抹色彩，但涂鸦者都是一些有想法有才华，和有创意的人，并创作出了许多绘画方面的新鲜笔法。

更重要的是，涂鸦者往往都是一群极富表达欲望的人，他们不需要报酬，一面墙，一个废弃的集装箱，甚至是地铁车厢，都可以是他们的画布，而作画所具备的，是一颗奔放的心和富有激情的大脑，创作出来的作品也极富表现力，画满这面墙寻觅下一面，开发新的涂鸦"画布"也是他们的一大爱好。

可能你会看到没有完成的涂鸦墙，不过不要紧，涂鸦绘画不为迎合谁讨好谁又或者换个好价钱，他们需要的只是自我的一种释放、体验、满足与展示，而这，正与红色的动机——快乐不谋而合。

蓝色——版画

蓝色谨慎而深藏不露，遵守规则，井井有条，标准高，且追求完美，善于分析，富有条理，在工作中往往强调制度、程序、规范、细节和流程，一丝不苟地对待工作、生活，是一个理想主义者。说白了，蓝色就是奔着完美去的。

这让我联想到了版画。把蓝色和版画联系到一起，并不是唯一性，毕竟在绘画艺术当中，大多数艺术家对待自己的作品都是追求完美的，只是版画在各种绘画艺术中，主要由艺术家构思创作并通过制版和印刷程序而产生的，具体说是以刀或化学药品等在木、石、麻胶、铜、锌等版面上雕刻或蚀刻后印刷出来的图画。

相较其他绘画形式，版画更严谨，要求更繁复。比如按使用材料可分为：木版画、石版画、铜版画、锌版画、瓷版画、纸版画、丝网版画、纸版画、石膏版画等。按颜色可分为：黑白版画、单色版画、套色版画等。按制作方法可分为：凹版、凸版、平版、孔版和综合版、电脑版等。而这还不包括制作的技法。不同材料的版画创作绘制过程也不同，但若没有严谨规范的态度和注重细节的流程，这一切都无法达到完美。论严谨规范，程序细节，当属版画最符合蓝色！

黄色——素描

其实对于黄色这么一个霸气的性格来说，肯定有人会问，拿绘画中最基础的造型艺术——素描来比喻会不会不恰当？实则不然。素描是绘画的基础，是最能体现人的绘画水平的画种。黄色是有着强烈的目标趋向的，干净利落，以结果和完成任务为导向，讲求效率。黄色很实际，霸气到是天生的领导者，有极强的组织能力，黄色的这一切就是为了成就自己。

正如素描一样，虽然是以线条来画出物象明暗的单色画，但却是一切绘画的基础，它一般用于学习美术技巧、探索造型规律、培养专业习惯的绘画训练过程，着重结构和形式，追求造型的准确和内在结构的科学。只有通过素描的学习和大量的练习，才能通过考试，进入专业美术院校，学习其他的绘画艺术。素描的目的性明确，必须着重光线、物体的关系，笔触的描绘手法，将自己眼睛所观察到的形体，具体而微地呈现出来。看似很简单的很单一枯燥的素描，实则对于艺术来说，却是不可逾越和回避的一个课题。所以说，黄色与素描，有着诸多的相似之处。

绿色——国画

　　绿色在整个四色的性格中，是最懂中庸之道，最求稳定也是最低调的一个性格。它常常给人感觉安静，乐天知命，宽容，耐心，温和。遇事往往都镇定自若，处变不惊。绿色相处起来都是轻松的，无压力的，等等，一切稳定的词语都是用来概括和描述绿色的。

　　其实不用赘述国画与绿色的共同点了，光听绿色这一连串稳定的代名词就能想到国画其实也如此。国画趣味高远，享受意境，心中喧闹者必习不来国画。

　　国画不讲解剖学、不重背景、不注重透视法，更注重绘画者本身的艺术积淀、艺术手法、表现形式。国画不争不哄，追求淡雅陶冶，但也流传千古。随着时代的前进，艺术内容和形式也随之更新，并不断地发生变化。加之西洋画大量涌入，国画以自己宽阔的胸怀，吸收了不少西方艺术的技巧，丰富了国画的表现力。这也体现出国画包容和接纳的一面。

　　国画在世界美术领域中自成独特的体系，它在世界美术万花齐放，千壑争流的艺术花园中独放异彩。这也体现出它稳的一面。所以，国画与绿色最为相似。

无论是影视剧，还是文学作品中，常有一些
个性独特的人物深深吸引着我们。

例如那不食人间烟火的小龙女，或者是古灵
精怪的俏黄蓉，皆有大批的仰慕者。

其实，吸引我们的，恰恰就是他们身上独有
的性格，这，也就是他们本身的魅力吧。

COLOR VISION
PEOPLE

色眼识人

有些感受无须放大。

邪恶的免费午餐

忆前老板

文 / 高磊

中国性格色彩培训中心培训督导

高手从不拘泥于形式

因为家境不好，整个大学期间，我基本上都是在勤工俭学中度过的。

大二时，我找到了第一份正式的销售工作，在一家法资贸易公司卖红酒。

选择这份工作的原因很简单，首先，卖红酒的销售是从下午三点开始上班，凌晨两点下班，从时间的角度而言，不需要我翘太多的课。其次，这份工作的底薪不低，提成也高。

我的直接老板是一个上海男人G。

G是一个非常有个人魅力的男人，留山羊胡，戴耳环，染黄了头发，还烫卷了扎了个小辫子。第一眼见到他时，我还以为他是老外。面试时，他满口正宗的上海话，让我大吃一惊。

他给我起了第一个英文名：Ray。

G原来是一名专业运动员，退役后身材开始走形，但外凸的肚子，反而更彰显出了他的风度。他每天穿的看上去非常随意，但实际上却是精心搭配过的。宽大的T恤，配着宽松的休闲裤，光脚穿一双布鞋，这是他经常的搭配。

我们上班也非常有意思，经常见完客户后，他会带我去逛那些品牌特价场，他总能从一堆衣服中找出既便宜又有特色的精品来。

G的为人非常简单，从来没有老板的架子，和我们在一起经常勾肩搭背的，我总感觉这是一个大哥，而非我的老板。偶尔，到了吃晚饭的时候，他会带着我钻进小弄堂，一起吃既便宜又好吃的盒饭，吃完后，耸耸肩，摊开双手，说没有零钱，让我买单。

在工作中，G是一个追求结果的人。他经常跟我说的一句话是"我不管你们上班到底在干吗，但每个月的销量一定要完成指标"。所以跟着他的时候，我们几个销售每个月的指标只要一完成，就整天到处吃饭、唱歌，或泡在客户的夜店里，一待就是一晚上。

一开始，我不知道如此玩世不恭的G，为什么能成为一个销售的经理，在当时我的眼中，他就只是一个非常懂得拗造型的老胖子。

可接下来的一系列事件，让我真正地明白了，这是一个真正的高手。

免费午餐的目的

当时我刚进公司，没有什么经验，在分配销售区域的时候，分到的是上海的虹口区和杨浦区。在当年的上海，酒吧夜店基本上都集中在徐汇区、静安区。在我负责的两个区域里，只有零星的小酒吧，所以一开始我的销售业绩非常不好。

在每天的销售例会中，G总是看似漫不经心地听着我们的工作汇报。对于其他销售的汇报，他有时会打断，直接让下一个说。可每当我报告的时候，他却显得如此挑剔，会过问我的每一个与客户交流的细节，并不断地指责我，向我提出改进的建议。

我觉得G不喜欢我，为了得到他的赏识，我每天更努力地工作。可也不知道是因为运气不好，还是区域太差，总之是收效甚微。

一天，我发现了一个在虹口区即将开张的大型夜店，是一家非常上档次的高级会所。于是我连续一个星期都泡在那儿，同采购软磨硬泡，希望他们店里的红酒都由我们负责供货，可对方一直不做决定。

于是在纠结之后，我忐忑不安地在例会上说了我的困惑。我以为G一定会破口大骂，没有想到的是，G听后，非但没有骂我，反而兴奋了，骂了句脏话，然后决定陪我一起去。

第二天，G带着一瓶当时我们公司在法国自己酒庄里批发价最高的红酒，领着我就去了客户那儿。

到了客户的办公室，直接要求和对方的老板见面，说是约好的。我偷偷地提醒他，之前联系的都是采购。G狠狠地拍了我一下，让我别说话。

老板出现后，发现是两个陌生人，表现得非常惊讶。G看着我，当着对方老板的面直接批评我，说我在说谎。我急忙想解释，结果被他一个狠毒的眼神给逼灭了。

G向老板表示，听Ray介绍说，你们是家即将开业的高级商务会所，今天下午约好过来拜访。正好我有时间，也想见识一下，所以就亲自陪他过来了，没想到这孩子说谎。正好，我身上带了一瓶我们公司的红酒，就送给你品品吧。接下来，我就是他们的谈资，从我身上谈到现在年轻员工的培养和管理，完全忽略了我在旁边的尴尬。

走出会所，我一直低着头不说话。G见我不说话，大力地拍了我一下，笑着告诉我这是一种手段。我虽然当时点着头，可心里却一直在骂，有病呀，这是什么手段啊。怎么会遇到这么一个老板啊。

一个星期以后，G让我再送一瓶酒过去，嘱咐我只能说是路过。当时我一直想不通，为什么要这样做，但想想这反正都是公司的钱，我也就觉得无所谓了。当我送完第五瓶酒，也就是接近一个月后，老板通过采购找到了我，告诉我他们准备在会所中再开一个红酒和雪茄的酒吧，里面的红酒全部由我们负责供货。

就这样，这个会所成为了我红酒销售生涯中最大的客户。

当我拿着签下来的合同回到公司给G时，G非常认真地表示，那送掉的五瓶红酒要从我的工资中扣除，我大吃一惊："为什么？这个不是公司负责的吗？"并表示了强烈不满。而G笑着告诉我："公司从来没有免费的红酒送客户，都需要销售自己掏钱买单的。"我愣了，问他为什么之前不告诉我，他对着我的胸口就是一拳，"傻小子，如果客户搞定了，我就让你自己掏腰包，搞不定就是我帮你掏腰包。"

这就是G，有时会让人摸不着头脑，让人觉得那么的不舒服。可当你真的和他接触了一段时间之后，却发现他是那么的成熟率真，充满了个人魅力，这就是我的第一个老板。

有些感受无须放大

现在回过头再来看，他是一个非常典型的红＋黄的老板，而且在他的个性中，大多数情况所表现出来的都是红＋黄的优势，但无论是谁，有时还是无法逃脱性格中的局限性的考验。

他爱玩，爱打扮，爱装酷，爱表现，但解决问题的能力非常强，无论是谁在工作中遇到了困难，他总是非常轻松地帮我们解决了。更为关键的是，他对我们这些销售的维护，虽然当我们犯了一些小错误时，他会狠命地批评我们，但最后他还是会极力地帮我们解决问题！

那G除了他的优势之外，还有什么局限性吗？

他的局限性，在当时的我看来不是什么问题，因为这个问题我也有。但事实证明，也就是因为红＋黄的局限性，那种太过极端的情绪的影响。让G走了很多的弯路，经历了一些他其实可以控制，可以不需经历的痛苦。

他是我们红酒销售公司的销售经理，直接隶属于法国老板的管理。

G那时刚满30岁，正是事业的起跑阶段。在20世纪90年代，月薪过万已经是当时的高薪了。可在我工作到第5个月的时候，他主动离职了，离职不是因为找到了更好的工作，而是法国老板从公司未来发展的角度，把销售部门分成了两个部分：一个销售团队负责星级酒店的业务，另一个销售团队负责夜店酒吧的业务。并让自己的儿子负责星级酒店的业务，让G负责夜店的业务。

当这个决定公布的第二天，G递上了辞呈。虽然法国老板极力挽留，但G还是义无反顾地离开了公司。

我们问他为什么？他只是淡然地说累了，想休息一段时间。而我们一直以为他有了更好的去处。

　　而事实上，他一休息就休息了很久。直到半年后，他才去了一家刚建立的红酒公司，虽然担任的还是销售经理，但收入至少减少了一半。

　　原先我不能理解，但现在想想，我已经找到了答案。

　　红＋黄的G，能够面对外在的各种挑战和压力，但不能承受来自自己深深的负面情绪。法国老板当时只是为了公司的发展，做了一个简单的业务划分。而在G的眼中，很容易会觉得自己不再被他老板信任，觉得自己不再被重视。这种负面的情绪，导致他把自己的感受无限地放大了。就因为这种情绪化，让G冲动地做出了缺乏理智的判断，并做出了对他非常不利的决定，离职。

　　我不能确定他有没有后悔过，但我知道当时因为这个冲动的决定，他在家里待业了半年，并进入了一家薪水远低于法国公司的新公司。

　　这就是红＋黄的老板，我的第一个老板。

　　最近得到的最新消息是，他有了自己的红酒公司，虽然还没有成立品牌，但代理着国外的诸多品牌。他依旧是一个成功的商人，我相信他也一定会记得，当年他曾经做过的这个错误的决定。

我的谛听

忆前夫

文 / 六月

性格色彩认证演讲师、深圳某广告公司合伙人

　　有人说，生活像一出戏，各色人等粉墨入戏；有人说，生活像一出剧，剧情狗血过连续剧。其实，生活就是生活，本来就不缺演绎和惊奇。在这个世界的每一个角落，每天、每时、每刻都在进行着人和人之间最眼花缭乱的你来我往，结局或哭，或笑，或怒，或郁结，由此给我们平添的最大的困扰，我猜，或者借用我闺密的话说：凡是和我想的不一样的，在我看来，都是怪人。是的，这个世界上充满了我们无法理解其言行由来的——怪人。

　　记得小时候看过一个和《西游记》有关的故事，六耳猕猴化身孙悟空扰乱大家耳目为非作歹，众仙家百般无奈之下找来阎罗王的神兽谛听，因为该兽可以分辨世间一切真假是非……虽然故事的结局依稀是连谛听也怕了猕猴而选择

了知而不言，但我倒是因此很希望自己也能有一只这样的神兽，替我听一听怪人们的心声。当然，我知道这个愿望只能是止于幻想，可是有一天乐老师对我说：FPA性格色彩可以做我的谛听。

于是我且信了，领回我的谛听，用它来听一听这个世间真实的声音。

故事一

我从小和父母分居在两个城市生活，我在上海，他们在江西。印象中的母亲并不是那种电影里演的脸上永远挂着温柔笑容的妈妈（我想，现实中很多妈妈都不是这样的）。不知道是不是对于母亲的形象充满了太多的期待和执念，看到现实中的母亲常常为了大小琐事和父亲发生冲突，而最后的结局总是以父亲的忍气吞声和我莫名其妙的连坐收场，便一厢情愿地认定母亲就是个蛮不讲理的女人，因此避而远之能不惹她就不惹她。

长大之后离家更远，因为没有从小培养起的依恋，倒也避免了许多的挂念，像个野孩子一样，可以数个月都不往家里打一通电话，直到母亲气到极点，挂电话过来不为别的，似乎就为教育我一通不懂做女儿的礼数。记得最常见的开场白是：我们不打电话来，你也不用打过来了是吧，你给我听好了……此后的内容我几乎每次都是在神游的状态下应酬完的，即便我从不回嘴，母亲的状态也永远都是：伐开心。

近两年，听闺密说起她是几天一个电话向父母汇报工作，想起自家父母的白头发也逐渐多了，不忍他们一边揣着骄傲一边念叨叨地等我的电话，改为一周一次主动汇报"工作"，语气还是一味的顺从应对。没承想大半年下来，母亲从凡事"你给我听好了啊"悄悄改成了"我和你商量个事呀"。奇怪，怎么就突然转性了？尤其到我离婚之后，母亲越发地顺着我的喜好来。

有一次，同一件事情念叨了实在太多次，我忍不住提醒她：说过好多次啦，记住了。她说：你不要总嫌我们烦，你离得那么远，什么事都不和我们说，做父母的总要关心一下你的，不说这些，我又能说些什么呢？我笑了笑：说总归是要让你说的咯，这是人权呀，对伐？但你总归也要考虑一下听众的感受，说够几次就差不多啦，或者每次控制在五分钟，我大概还可以忍一忍。母亲斥我：死丫头。

原来一直认为蛮不讲理喜欢教育掌控我的母亲，就这样软下来了。想了想，也不过是主动多打了几个电话。掐指一算，呵呵，母亲原来是个纸老虎红＋黄。心里是惦记着我把她当个母亲那样来牵记的，偏偏我是个没心没肺的主，她自己又拉不下脸来主动示好，所以以前每次电话总要搞到自己七窍生烟。自从我幡然醒悟之后，母亲大人的自尊心也圆上了，有人听她叨叨的需求也满足了（叨叨的内容其实从来逃不脱家里谁谁谁又无视她了），自然心气也就顺了。偶尔在电话里反过来埋怨她几句：怎么，我忙，你们就不知道关心一下我了，是伐？那笑声，简直"轻佻"得像个少女。我想，我总算可以从不孝女的黑名单上下来了。

故事二

我也不是从石头里蹦出来的，有娘，自然是少不了爹的。大概正是应了什么锅配什么盖，母亲如果像个发起火来上震天庭的将，父亲就似那辩白个几句之后就默不作声地等着母亲自动收场的兵，到后来，在整个家族里面，我父亲的好脾气都是出了名的。同样美名远播的，还有我父亲会逗人开心的嘴上功夫。总逃不开红＋绿了吧。

过年回家，母亲和父亲又开演几十年来换汤不换药的老戏码了。"你说啊，哦，这么多年都没有来往的人了，儿子结婚倒是知道来请，平时怎么连电话也从来听不到一个？什么意思啊，不就是为了让你出份礼金嘛。你看好，喏，你看等事情过后你们还会不会来往，保准照样不来不去。"母亲大人从来都是先发制人的。"那么多年的同学了，人家请都已经请了，你好意思不去伐？也就几百块钱嘛，算了，我有什么不好意思去的，他好意思请，我反倒不好意思不去啊，滑稽伐？"父亲大人开始用不出声防守了。我心里有数，这个喜酒，他是一定会去吃的，只是小金库又要大出血了。

作为我家唯一的粉丝观众，我唯一需要付出的代价就是，等父亲大人转头找我抱怨母亲大人的坏脾气。果不其然……（请允许我邀请你们和我在这段时间内一起神游一下。我从前一直以为是父亲在包容母亲的蛮不讲理，但是从这件事来看，倒是觉得母亲更一针见血、抹得开面子一些。

顺便想起以前父母吵架的时候，父亲常常在沉默之前会跟一句：小声点儿，邻居听见多难听啊。于是，我母亲的嗓门更大了。再有，每逢过年家里来父亲的同事客人，他们聊起父亲当年在厂区凭一手做菜的好手艺是多么受欢迎，父亲也总要得意地接上几句老掉牙的伶俐客套。

还有，多年前父亲是曾经试过几次创业的，不是败在了合作伙伴不靠谱上面，就是因为受不了母亲埋怨他不着家而最终放弃了。）我也就是和你说说，你妈这脾气啊……这男人在外面总要讲点面子的，她什么都要管，搞得我难堪伐？我呢，老规矩，坐等他叨叨完了放我走。

近一年父亲换了一份新工作，去别人公司做技术指导兼业务代表，因为老板年轻，全公司上下反而事事来向他请示，连老板的爸爸也客客气气地对他说：陈师傅啊，公司全靠你咯，我儿子年纪轻不懂事，你只要替我看住他，不让他赔钱就可以了，我在这里先谢谢你了。此后，每次发了奖金我父亲都回家来丢给我妈说：别再说我从来没带你出去玩过了啊，自己拿着钱去玩，我很忙的。上两个月，居然开口对我妈说：你好去你女儿那儿住一段时间了，总是在家里管我，我烦死了。你让我清静清静。

呵呵，看来父亲总算找到耀武扬威的新法宝了，这被压了几十年的大红尾巴呀，终于露了出来。至于父母的战争，那是千年寒冰，估计这辈子都化不完了。我呢，只好时不时地私下哄哄我爹，让他觉得我是偏心他的，只是这一来二去的，还真有点吃不消随时能耍得了俏皮的父亲。唉，我是他亲生的吗？

故事三

小王子，是我亲爱的前夫。我唯一没看走眼的，也是我见过的最原生态最一帆风顺最舒展的红＋黄。

他可以一点风声不漏地守在八百里外的火车站，把刚下火车准备去朋友家过节的我当天拎回自己家；可以三百里加急连续三份贴心礼物送到我乖乖女形象毁于一旦；可以害我半夜溜去父母房间拔电话线，就因为他分分钟会想起来有话没说完（结果我爹在黑暗中来了一句：我们已经拔了）；可以三个月说动我不得不抛弃父母远走异乡，开家族不良风气之先河。我想，这些都是红＋黄的热情加行动力在情感上制造出的必杀绝技。

当然红＋黄并不仅仅止于儿女情爱，那种与生俱来的魄力、好胜心和不达目的不服输的劲头，或许也同样是带来事业成功的源泉吧。他可以在还是一无所有的时候，凭一张问父亲借的信用卡在刷爆的边缘成功签下第一笔业务；他可以在任职公司还什么

都不是的时候，每周一个电话，一直打到号称最难约到的客户，都因为实在不知道接下去该怎么推辞了而赴了他的约会；他可以在见客户之前，为了留下一个好印象，花数天时间背下连客户自己都报不出来的一堆市场数据；他可以以晚辈的身份换来无数大企业高管的信任和好感。

然而硬币总是阴阳双面的。他曾去到千里之外的异国大摆筵席只为对曾经小觑过他的人，还以居高临下示威的一击；他曾经于投资上因为自负和不肯认输，让全部家产在一周内清零；他为我可以一掷千金却也要求凡事由他抉择号令；他可以把你宠上天，也可以因为自己重新爱上自由而决绝地离去。

在他们尚且年轻的时候，你几乎看不到丝毫希望他们会变身成为一个安于家室的所谓好男人，你可以分享他们带来的热情、自信、挥洒自如、执着，也必须同时学会承担他们的多变、独断、自我、固执。他们以天之骄子的姿态立于周遭人前，以至于你不知道该祝福他们一生坦途，还是期待看到他们重重跌倒之后重生。

也许他们一生都不愿意迁就、妥协、自我修炼，那么，无论以什么身份（拍档？伴侣？），选择了与他们共进退之后，该怎么做似乎就单纯只是留给对方的一道思考题了。

仿佛理所当然似的，我们离婚之后他依然对于指挥我的生活表现出泰然自若，但是关系却比做夫妻的时候更加和睦，不知道是因为各自成长了的关系还是身份替我们隔出了一段利于美好生根发芽的距离，他变成了一个比原来可爱一点的小王子。我呢，总算学会了做一个偶尔忤逆的超爱演女王。

看，有些人，你即便看懂了，也依然可以让你又爱又恨，左右为难。

故事四

不知道是不是人以群分的缘故，她是我认识的人中唯一的，你猜。

在做闺密的最初六年间，我从来没有见到过她失态，无论任何时候，她都如一个传说中的淑女一样，浅浅地笑、轻轻地说话。我们几个大笑，姑婆私下讨论的时候，总是特别不理解："这个姐姐真的很端哎，好有距离感。"

一次集体出去旅行，安排吃饭的时候为了兼顾大家的口味，领队决定大家轮流选地方点菜，虽然口味五花八门，却也新奇有趣，轮到这姐姐："这家不错，但是……那家也挺好的，但是……其实我吃另一家也可以的，但是……"从此之后，在类似的可能会触发她的挑剔症的事情上，我们永久地剥夺了她的决定权。

但另外有一次，我托一位朋友替我买一个保温杯，因为就是她们公司网站上的产品，结果足足拖了有三四个月，我的水杯还是杳无音讯。这姐姐听我说起，顺便提了下她朋友公司也有代理，隔天带了份产品目录给我，当场确认了想要的型号和颜色，替我问清楚了对方能拿到的折扣，三天之后，我终于喝上有温度的水了。

据不完全统计，做闺密的八年间，我只在第七年在她家见她因为失恋而在人前落泪；八年间我几乎没有听过她主动传播过别人的八卦；八年之后，我终于听说她在我家附近有一个同学闺密，她几乎每月都去她家聚会，但从来没有因此路过我家；加上成朋友前的两年，在一个行业一做十年。

她究竟是闺密的好人选还是坏人选？

直到上完FPA性格色彩课程之后，有一次，老师让我帮忙提供几个参考选项，我分别向另一个闺密和她求助，问题是：在某一个情境之下，你究竟会做出什么决定。另一个闺密很迅速地给出了本能反应之下的答案，轮到她："哦，这个事情要看情况的，如果……就……如果……就……我没有办法给你确切的答复哎。"

除了蓝，真是别无意外了。

从此之后，我和另一闺密果断放弃劝了她七七四十九次的换发型计划；放弃劝说她选男朋友不要采取一项否决制（就是只要有一个她接受不了的缺点就放弃），反正她已经盼嫁了七年了，也不差再等个三五年；约她出门先问要不要洗头，如果要，预示着一个小时以上的标准等候时间；改劝她对同事和家人的期望值降低一点；凡事看起来太美好让她帮忙掌一眼……

那些关于她清高和装的谣言，从此就让它飘散在风里吧，人家只是凡事追求完美而已。

至此，生活仍然在继续，故事还未完结……

许多时候，我们总以为自己已经足够了解身边的亲人朋友，但原来，也常常红、蓝、黄、绿不明，行为动机不分。也许有人会问，知道这些又有什么用呢？或者，我和我的家人关系一直都很好啊。我想，这个世界一定充满了各种正在向你走来的缘分，你无法预见会在未来的哪一天，哪一个转角，遇到一个怎样的怪人，展开一段意想不到的旅程，也许是一个怪恋人，也许是一个怪孩子，或者一个怪同事，我们可以窃喜着说一声"hello你好"，或者背过身嘟囔一嘴"今天真是见鬼了"。而对我来说，他们都是已经来到我生命中的一个个怪人，我的人生因为他们而丰富，因为他们而生动，也因为他们而与众不同。我爱他们，所以我愿意去了解我不曾了解到的他们，好随时变怪成人。

祝你和你的怪人们，生活愉快。

所谓"色"眼，就是初步具备了识人的本领，并能从中领悟甚至影响自己的生活，洞见自己，洞察他人。

任何时候，实用的性格分析总是能助我们一臂之力，更多时候，也为我们的生活，创造更多的际遇。

SPEAK
OUT

不吐不快

对于公众人物，
我们总是习惯性地给他们贴上各种标签。

冰与火之哥

文 / 费俪

自由撰稿人

在今年《超级演说家》二阶比赛现场的电视录制过程中，乐嘉偶然间提起了自己最近正在看的一部美剧，叫《权利的游戏》，它出自美国著名科幻小说家乔治·马丁的小说《冰与火之歌》，我瞬间捕捉到了最适合形容他个性的字眼——冰与火之"哥"。

对于公众人物，我们习惯性地给他贴上标签，乐嘉这样鲜明的性格和在舞台上不羁的言辞，很快就给他"光洁的脑门"上贴上了脾气暴躁、言辞犀利、咄咄逼人这样看起来不那么讨喜的标签，当然最近由于"超演"的收视率激增，他也成为了全宇宙最贵的"茶叶蛋导师"。

而真正了解他的人，知道他暴跳如雷的咋呼脾气下，有着一触即发的超低哭点；毫不留情的犀利言辞里，有着与人为善的柔软内心；骄傲自大的坚强外表后，有着紧迫不安的生活态度。所以，我称他为一步跨越南北极的男子——冰与火之"哥"。

"超演"开录前一天，经过4个小时的火车，路上仓促地吃了点快餐，晚上10点左右到达酒店。在我迅速踢掉鞋子，准备洗洗就睡的时候，接到一个电话，说那位"哥"正开始培训选手。我心里一阵骂娘。

待我抱着本子匆匆敲开门，得，里面已经震耳欲聋地骂上了："我让你不要省不要省，你××到底明不明白？！这三千块是你母亲省吃俭用给你的，相当于你们家好几个月的生活费，如果你省了这段，对之后给观众的交代会大大削弱！！！观众不理解你真正要表达的，你明白吗？！让你省的不省，不让你省的却省！"说着估计还嫌自己的语气不够强烈，狠狠拍打着玻璃茶几，甚至将手中的笔掷于地上。一边的选手陈延伟是个矿工，在他的人生经历中，哪见过如此这般恨铁不成钢的咆哮，站在一旁紧张地拉扯着挎包袋子，恨不得缩成一团，人间蒸发。

我对他投去无限同情的目光，同时也为接下去几天和这位"哥"的相处默默捏了把汗。这次的赛前培训，在乐嘉时而严厉批判时而激动温情的饱胀情绪下，持续到了凌晨结束。当然不出意外地，在之后几天里，所有的队员都被密集式地训练到凌晨。

若说，他的怒吼顷刻爆发，那他的泪水更是瞬间崩塌。

如果我没有记错，四天的比赛录制，在场上他一共哭了三次。一次是王红和Ken仔双人组合发挥出色，他当即激动地泪洒现场；一次是蕊蕾、蕴辉惜败对手，他为自己和对方选手间过多的对话可能反而成全了对手后悔落泪；再一次是蒋佳琦在修改了四稿内容文字，最终以极其戏剧化、扣人心弦的讲演在舞台上完美落幕，他又几欲哭泣，幸而最终奋力将泪水止于眼眶。

关于乐嘉的眼泪，早在上一季杨心龙比赛失利的时候有所见闻。当时他哭到语不成句，事后也被很多人诟病他假、做作。彼时我也曾心存疑惑，而此刻我已经可以渐渐理解他的心情。因为，在幕后和选手共吃一桌饭的日常相处细节，是台前的我们不曾看到的；在幕后看似对选手训练严苛，实则是对自己施加酷刑的事实，是我们台前不曾知晓的；在幕后那些凌晨四点给选手修改讲稿、不眠不休的孤独，更是我们台前无法体会的。

四天来，我看着赛前培训时，一些因受到文化背景限制而悟性较低的选手，一次次地重复错误，一次次地不达标准，我内心极度烦躁。可此刻的乐嘉，从婉言劝说到愤慨责骂，却从未有过丝毫得过且过的态度。我在培训结束后，不解地发去微信问：您为什么要坚持如此？凌晨三点收到两个字的回复，曰：使命。之后，在赛后采访中，他也解释了这样的使命——唯一的愿望是让这些选手在离开"超演"舞台时，仍能有所斩获。而事实证明，确实如此。

除了南北极自由穿梭起落的情绪，犀利而咄咄逼人的言辞，更是这位"哥"永远也摘不掉的帽子。在陈延伟的拉票环节，陈面对导师的提问，谦虚客套地表示，对方选手讲得比自己好。尚未说完即被打断，乐嘉直言不讳地责问陈是真心认为如此，还是假客气。陈一时语塞，不知如何对答，乐嘉又一次响亮清晰地重复了他的问题，陈延伟只得尴尬表示自己是虚假的客气。之后我慢慢领悟，当时的咄咄逼人，只为了让陈在观众面前呈现出积极争取的态度和表露出强烈的求胜欲望，而避免被现场的观众误杀。

这样一个言辞犀利、常常不给人留余地的人，该是冷漠和自私的吧，这或许会是一部分人的惯常联想，可事实却恰恰相反。这样一个"冷漠"的人，如何会心细如发地在培训时发现选手光脚踩地，随即脱下自己的鞋子不由分说地给她穿上？这样一个"冷漠"的人，如何会在艾滋病感染者演讲到"给我一个拥抱吧"的时候，随即跨越茶几，张开双臂，奉上了最用力的拥抱？这样一个"冷漠"的人，如何会在临别时，坚持把选手送出门，送上车，自己再默默仰躺在化妆室的沙发上，凄惨地丢下一句：我不行了。

用一个不恰当的词语——这是一个"活色生香"的人，他的悲伤喜悦写在脸上，他的爱恨情仇溢于言表，而他的情深义重，只有被少数和他有过深度接触的人所明了。或许在他身上，我隐约看到了叔本华在书中提到的观点：突出的智力是以敏锐的感觉为直接前提，以强烈的冲动和激情为根基的，这种素质除了加强了一个人的情感强烈程度，同时也让头脑在想象力的作用下变得更生动活泼。所以他时而大爱大恨，时而大悲大喜，时而大过当，时而大优势。

一次赛后采访，当工作人员问及：您觉得谁是演讲上最好的导师？这位"哥"低头思考了三秒，随即铿锵有力地给出了一字答案——我。如此的骄傲自信，曾让我隐隐觉得不妥，觉得他的回答显得过于虚荣，试图要提醒他收回这样的答案。可后来，我慢慢思考明白一个道理，骄傲绝不能等同于虚荣。因为骄傲是确信自己拥有某一方面的突出价值。这是发自内在的。

而虚荣，在大多数情况下，伴随着一个隐藏的希望：希望通过唤起别人的确信，能够使自己真的拥有这样的价值。是向外探求的。我要刻薄地说，那些抨击和诋毁骄傲的，往往是那些自身没有什么值得骄傲的人。或许，从这个角度上讲，"谦虚是美德"这是一句蠢话，因为这样的说法把所有人都拉到了同一个水平线上，实则世界并非如此。选手该告诉观众，在这场比赛里，我比对手强！乐嘉该告诉大家，在演讲的专业范畴中，我是最好的导师！也就是这样一个口出狂言、自信满满的人，在回程的火车上和我抱怨，觉得自己知道得太少，懂得太少，对未来仍旧充满着不安。

我想，在这点上，我与这位"哥"之间有着共通的感受，因为这种不安在某种程度上，是某一群人活着的动力，是不顾一切，无视痛楚向前奔跑的精神支柱。他是我见过的最颠覆的电视人物，也是我遇过的最努力的凡夫俗子。

最后，我要引用"超演"中一名选手学生的话来总结对这位"冰与火之哥"的总体评价——对于乐老师，以前是"敬佩"，源于节目中他犀利的点评；中途是"敬畏"，源于培训中他严苛的要求；现在是"敬爱"，源于他的包容和爱。

老板印象

文 / 杨远杰

乐嘉助理

今天我们说一说生活中的乐嘉是什么样子。

我想大家对乐嘉的了解大多来自电视荧幕，从早些年的江苏卫视《非诚勿扰》到最近非常火的安徽卫视真人秀《超级演说家》。电视机里的乐嘉，犀利、直白、喜形露于色，动不动眼泪就"哗哗"往外涌，一没注意就"咔嚓"一下在台上把木条给劈了，所以他经常会被爆出在哪儿手缝了针、哪天突然又坐在轮椅上出现在公众面前，这些其实在我这个助理眼里早已见怪不怪了。生活中的乐嘉其实和荧幕上还是有一点不一样的，嘿嘿，且听我娓娓道来。

除了平时去电视台录影，他还有一个性格色彩研究中心需要去打理。用现在的说法，他是这个公司的CEO。所以他几乎无时无刻不在工作，在他嘴里说得最多就是那"红蓝黄绿"四个字。

作为他的助理，我很苦恼。比如说，乐老师特别喜欢用邮件的方式来处理工作事宜，而我们所有和他一起工作的同事都会把邮件绑定在手机上，随时等待他的"召唤"。我那天在睡梦中正在和一个美女约会，只听"叮"一声，美女消失了，然后下意识地看了一下手机上的邮件：快点回我电话！！！！！！是的，没有错，六个感叹号！是不是吓得你魂飞魄散？如果是你的老板发一条这样的邮件给你，我想你也一定睡不着了。于是我立刻给他回了电，结果是他通知我第二天9点准时开会！

红色雷厉风行，黄色想到就去做，乐老师就是这样一个红＋黄老板，哎！苦不堪言啊。你们一定都以为做乐老师的助理好幸福，每天可以跑不同的地方，见好多明星，那是你们一厢情愿的想法，好多事儿你们压根没体会。不信？要不，你来和我换换，保证你做两天就打道回府了。所以，现在的年轻人不要总是好高骛远，凡事从小处开始磨炼。

好了，说了工作，那乐嘉也不是机器人啊，他不也得休息和放松嘛。乐老师人生最大的爱好：健身。

听到健身，是不是很多女孩就要问了，乐嘉那身材是怎么练出来的？其实我也不是太了解乐老师的过去，自我见到他起，他的胸肌就已经硕大无比，人鱼线已清晰可见。所以我每次看到乐老师光膀子的时候都无比自卑，但又没毅力坚持去练，哎……红色的苦恼。

扯回来，有一次去乐老师房间取文件，他打开门后说："稍等一会儿，我把这组动作做完。"有没有人给我一个QQ聊天里惊讶的表情！对，没错，我当时就这个表情。乐老师在我面前做一组双手撑地倒立的动作，我和我的眼球都惊呆了。自此，我再也没敢和我老板对呛，我怕被他一拳击倒。K.O！

除了无氧运动外，乐老师还特别喜欢游泳。有时候，大家在荧幕上注意乐老师的眼睛，要是看他有什么熊猫眼之类的，那肯定是前几天又去哪儿游泳了。所以，哪天你们在哪个海滩或者泳池里看到一个光头肌肉男，那就有可能是乐嘉。

好了，听完上面的一些故事大家是不是好奇，和乐嘉一起工作有没有什么好玩的故事？那我们下次再聊！

成功无他，唯有专注

文/六六

著名作家、编剧，代表作：《王贵与安娜》《双面胶》《蜗居》

认识乐嘉是因为《非诚勿扰》。在一期节目里，他短短几句话便掐住女嘉宾命脉：姑娘在台上哭得稀里哗啦，他静静看着，语言犀利，心怀怜悯。

遂网上搜索有关他的消息，发现他和我有共同的特点：学历低，一路坎坷闯荡。

在微博上点评了他一下，他立刻回我，邀请我看他的FPA性格色彩演讲。

我和他尚未见面，俩人就在电话里聊上了。那时候我过得不太如意，懒得出门见人，他从言谈里发现我意兴阑珊，鼓励我走出来。

我违背不过他的三请四邀，去了他的FPA性格色彩演讲课堂。

那是他搞的一个专门针对大学校园的"嘉讲堂"全国巡回演讲项目，大

学礼堂里座无虚席，走廊过道上都堆满了人。舞台非常简单，无道具背景灯光音响，只乐嘉一个人拿着话筒在场上布道。他上下翻飞，时而蹦下舞台，时而在台上匍匐前进，听起来笑声不断，过后却是沉静叹息。

那是我第一次接触"红蓝黄绿"，只一堂课我便断定自己是红色。他用非常浅显易辨的案例让你明白性格的分类，不同性格的人如何相处。

回去以后，我运用皮毛性格知识，思考是不是我和爱人配错了？我们这么多年的爱恨情仇是不是因为色彩不和？自己去买了他的性格色彩的书来看。看完跟他提意见："你书写得好烂。"

乐嘉是个有趣的人。你批评他，他当时是要跟你争辩的，过后却会按你的意思改。再以后，他出书前会发底稿给我看，跟我说，"你赶紧的，提意见！"

我很怕乐嘉发书稿给我。因为我会羞愧。我号称作家，几年都出不了一本大书，而他这个主持人、演讲家、性格色彩培训导师，隔半年就弄出来一本书。勤勉得让我赧颜。

有一次他电我，声音衰弱得像濒死，吓我一跳。问他，答讲话太多，写书太累，已经住院。

我说，你不要命了吗？钱少赚些，活得久才成就大。

他答，不是钱的事。我有太多太多的事要做。

他替《非诚勿扰》做加拿大专场招募时，我在美国。他飞到美国来找我玩。我和他度过了噩梦一样的旅途生活。

先是到处有人追随偷拍，曾有张照片放在网上，题目是乐嘉和他的女助理。那个瘪三一样跟他后头拎包帮他跟粉丝拍照的人，就是我。

这不是最恶劣的。最恶劣的是，我俩说好了长途一人开一半。他老是逃避劳动。开着开着，突发奇想，有了个点子，就跟我说："你赶紧替我记录下来，红色特点是……举例说明……"我拿手机打字，我一个字好几十块的身价，给他做秘书。打一段我就不干了，跟他说，你自己打，我开车。

然后，他一路办公，我一路开车。看到沙漠巨型仙人掌，我自己抄起手机拍张照片，镜头下方是躲不过去的他奋笔疾书的半张脸。写累了，他就仰头睡去，留我一个人听车里放着《Hotel California》，迎着夕阳穿越沙漠。

不久，我离婚了。他说，我早跟你说了，你俩性格冲突到了根上，调和起来伤筋动骨，离了对两人都好。

这可能是给我离婚最好的借口，让我不再憎恨曾经的伤痛——不合适。离开错的，才能遇见对的。

一晃三四年过去。他越发光鲜照人。参加各类节目，做了他最擅长的演讲导师和评审。

我们很少见面，偶尔微信。

我倒是不忙，他总见不到人影。约一次见面半年不能成行。

他不来找我，找我必有事。不是让我做嘉宾，就是让我做采访对象。

我一般不接受采访，尤其不爱参加访谈类节目。跟人家不熟，没啥好聊的。但乐嘉，你知道，我欠他人情。我每幸福一天，就感念他一天逮着我说"红蓝黄绿"，告诉我离开我的婚姻。承了这样的恩情，我隔三岔五就被他借去利用一下。上帝对乐嘉是厚待的，因为他鼓励我断绝不切实际的幻想之后，推动我痛下决定后，我很快就幸福了。若我今天还是单身，沉浸在独自苦挨岁月的痛苦里，他后半辈子唯有以身相许才能堵住我骂他是骗子的嘴。

上帝看起来今天所有的厚待，其实是他多年异于常人的勤勉的酬劳。直到今天，他已大红大紫，依旧没有一天懈怠。每天超过14小时的工作时长不说，工作间隙还在给他的性格导师们布置作业功课，有好几次，我在我们共同的化妆间里，看他坐在椅子上说着话就睡着了。

成功无他，唯有对一个目标坚持不懈。

乐嘉其人，吐槽的，点赞的，各色样人皆有，而他本人呢？依旧我行我素，笑看风云，这，大概就是其本"色"吧。

有时候，保持本色，也不失为一种纯粹的人生态度。

跟乐嘉学性格色彩

——FPA性格色彩培训课程系统现已正式升级！

2002年成立的中国性格色彩研究中心，在创始人乐嘉的带领下，致力研究并发展"FPA性格色彩"这一风靡国内的实用心理学工具。作为一门在中国具有巨大影响力的培训课程，现已全面正式升级！

即日起，中国性格色彩研究中心将面向喜爱和立志于传播性格色彩的人群开展两大类课程：一类是性格色彩认证演讲师课程，一类是性格色彩认证培训师课程。

这两类课程均由乐嘉老师亲自参与授课，而性格色彩认证演讲师课程更是乐嘉老师唯一一堂亲自教授人们"如何成为最会说话的人"的演讲课程。

性格色彩认证演讲师课程——帮助你成为最会说话的人

（2014年开始中国性格色彩研究中心转制后的重点专业课程。）

帮助你成为更受欢迎的人——此课程将教会我们如何运用性格色彩工具，使之变成我们人生的法宝，快速了解自己，读懂身边人的内心真实想法，建立起沟通和信任的捷径，在人际交往中无往而不利。

帮助你成为最会说话的人——通过性格色彩这门实用心理学工具，帮助我们突破自我的局限性，持续提升自信心，掌握语言与讲话的真正奥义，大幅度地提升自身演讲能力。

课程设置（总长度：5天）
基础理论（2天）资深专业导师授课
演讲技巧（3天）性格色彩创始人——乐嘉老师授课

完成课程并顺利通过性格色彩认证演讲师考核，即可在公众场合独立完成2小时的标准性格色彩"看谁看懂，想谁想通"的演讲，并在日常生活中成为别人眼中最具有说服力，最会说话的人。

性格色彩认证培训师课程——帮助你成为具有影响力的人

完成认证演讲师课程并通过考核，即可报名参加认证培训师课程的培训。

帮助你成为具有影响力的人——从演讲者到培训者，结合自身的特长，认证培训师课程将会帮助我们更精进一大步，更好地将性格运用在自身的领域，适时地推动和影响身边的人群，进行传道、授业、解惑，成为诸多充满困惑人群的人生导师。

帮助你成为真正的传道者——完成课程并顺利通过性格色彩认证培训师考核，即可同乐嘉老师一起，在更大平台上，传播性格色彩在各种领域的实际应用，成就我们人生的另一个事业的巅峰。

帮助你拥有更多事业机会——完成课程并顺利通过性格色彩认证培训师考核，即可同乐嘉老师一起，传播性格色彩在各种领域的实际应用，构建我们人生的另一个事业的机遇。

课程设置（总长度：5天）
专业进阶（3天）资深专业导师授课
培训技巧（2天）性格色彩创始人——乐嘉老师授课

完成课程并顺利通过性格色彩认证培训师考核，即可独立开展为期2天的性格色彩专业基础课程培训，并在教学过程中，帮助他人，提升自我，成为别人眼中最具影响力的人。

跟乐嘉学性格色彩，
你学到的绝不仅仅是性格色彩！

更多性格色彩应用课程的详细介绍，请查阅中国性格色彩研究中心官方网站。

官方网站：http://www.fpaworld.com

咨询电话：400-085-8686

乐嘉微信：lejiafpa

——听最真实的声音